21世纪高等学校计算机规划教材

大学计算机基础实践教程

Experiments on Fundamentals of
Computer Science and Technology

■ 钟良骥 沈振武 吴春辉 周天瑛　主编

U0315368

高校系列

人民邮电出版社

北　京

图书在版编目（CIP）数据

　　大学计算机基础实践教程 / 钟良骥等主编. -- 北京
：人民邮电出版社，2012.9（2013.7 重印）
　　21世纪高等学校计算机规划教材. 高校系列
　　ISBN 978-7-115-29094-6

　　Ⅰ. ①大… Ⅱ. ①钟… Ⅲ. ①电子计算机－高等学校
－教材 Ⅳ. ①TP3

　　中国版本图书馆CIP数据核字（2012）第179468号

内 容 提 要

　　本教材作为《大学计算机基础》配套的实验指导教材，根据教育部高等学校计算机科学与技术教学指导委员会非计算机专业计算机基础课程教学指导分委员会"关于进一步加强高等学校计算机基础教学的意见"编写，知识面广，实用性强。具体内容包括：与主教材配套的上机实验指导与示例、习题与参考答案，以及全国计算机一级考试大纲及模拟题等相关内容，侧重培养学生的综合实践能力。

　　本书适合作为各类高等院校非计算机专业的计算机文化基础实验类课程教材，或作为计算机等级考试教材，也可作为广大计算机爱好者的参考书和相关企业计算机入门的专业培训教材。

21 世纪高等学校计算机规划教材——高校系列

大学计算机基础实践教程

◆ 主　　编　钟良骥　沈振武　吴春辉　周天瑛
　　责任编辑　韩旭光

◆ 人民邮电出版社出版发行　　北京市崇文区夕照寺街 14 号
　　邮编　100061　　电子邮件　315@ptpress.com.cn
　　网址　http://www.ptpress.com.cn
　　北京鑫正大印刷有限公司印刷

◆ 开本：787×1092　1/16
　　印张：14.75　　　　　　　2012 年 9 月第 1 版
　　字数：388 千字　　　　　2013 年 7 月北京第 2 次印刷

ISBN 978-7-115-29094-6
定价：29.80 元
读者服务热线：**(010)67132746**　印装质量热线：**(010)67129223**
反盗版热线：**(010)67171154**

前　言

　　随着经济和科学技术的发展，计算机作为一种工具，其作用显得日益重要。计算机基础是一门实践性很强的课程，通过系统的训练，才能熟练掌握操作系统和办公自动化的基本操作。本书精心安排实验引导读者，让读者在实验的过程中掌握计算机的基本知识，以及分析问题和解决问题的基本思路和方法。

　　本书是《大学计算机基础》的配套实验教材，内容包括三大部分。第一部分是实验指导：共有 22 个实验，内容覆盖了《计算机基础教程》的各个章节。第二部分是基础练习题与参考答案：按照教材章节，结合各知识点，从历年的全国计算机等级考试一级 MS Office 考试题库中选取。第三部分是全国计算机一级考试大纲及模拟试题，学习相关课程后，通过本书习题和参考答案，读者可以了解自己掌握计算机相关知识的程度。

　　本书由钟良骥、沈振武、吴春辉、周天瑛主编。其中沈振武编写第一部分的实验一～实验十；吴春辉编写第一部分的实验十一～实验十六；周天瑛编写第二部分和第三部分的内容；钟良骥编写第一部分的实验十七～实验二十二。全书由钟良骥统稿。

　　本教材的特点是理论与实践紧密结合，注重应用；叙述简明扼要，强调重点；涉及的知识点多，内容丰富。既适合作为各类高等院校非计算机专业的计算机文化基础课程教材，也可作为各类计算机培训班和计算机一级考试教材。

　　由于计算机技术发展速度很快，加上作者水平有限，书中难免有不妥之处，恳请读者批评指正！

编　者

2012 年 6 月

目 录

第一部分 上机实验指导与示例

第二部分 习题与参考答案

第三部分　全国计算机一级考试大纲及模拟题

第一部分
上机实验指导与示例

实验目的

1. 了解计算机各部件的功能并装配整机，如图 1-1 所示。
2. 认识微型计算机的组成和部件结构，如图 1-2 所示。
3. 熟悉操作系统的完整安装过程。

图 1-1 整机　　　　　　　图 1-2 主机的内部结构

实验内容

案例： 利用各种计算机配件组装一台计算机，并安装好系统软件。

1. 主机装配

（1）安装主板。第一步应将主板固定在机箱内壁，注意螺丝孔的对准。

（2）安装 CPU 和风扇。主板（如图 1-3 所示）上有 CPU 专用插槽和风扇固定槽，其位置会因主板型号不同而稍有区别。先把 CPU 芯片（如图 1-4 所示）置入专用插槽并卡紧，再安装风扇（如图 1-5 所示）。

（3）安装内存。主板上有数量不等的内存插槽，将内存的凹槽和主板插槽中的凸起位置对准后置入内存并按紧，使主板上的固定条卡住内存（如图 1-6 所示）。

（4）安装适配卡。显卡（如图 1-7 所示）、声卡、网卡等适配卡安装在主板对应的插槽上，一般只需将适配卡对准凹槽插入固定即可。

图 1-3 主板　　　　　　　图 1-4 Intel 酷睿 i7 2600k CPU

图 1-5 风扇

图 1-6 内存

图 1-7 PCI-E 显示适配卡

（5）安装硬盘和驱动器。将硬盘（如图 1-8 所示）、CD-ROM 驱动器（简称光驱）（如图 1-9 所示）固定在主机箱托架上，并拧紧螺丝。

（6）数据线的连接。根据主板说明书的提示信息，找到各类连接线的接口，分别接好电源、硬盘、软盘驱动器、CD-ROM（或 DVD-ROM）的连接线。

图 1-8 硬盘

图 1-9 光驱

（7）安装电源及其他外设。先将电源（如图 1-10 所示）固定在机箱上，然后将鼠标、键盘、音箱、打印机、显示器等外设连接好。一般来说，主板上的外设接口形状与上述外设插口是一一对应的。比如，键盘和鼠标分别插入机箱后侧的两个 PS/2 端口，显示器插头插在显示适配卡视频输出接口上，打印机插头插在 USB 端口或并行端口 LPT 上，音箱插头插在音频输出口上。

（8）安装指示灯。面板指示灯、开关键的连接，Reset（复位开关）、Power ON（电源开关）、Power LED（电源指示灯）、HD LED（硬盘读/写指示灯）、Front Audio（前置音频）、Front USB（前置 USB 端口）的连接，分别如图 1-11～图 1-13 所示。

图 1-10 ATX 电源

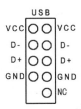
图 1-11 前置 USB 连接图

（9）整机总装。整机（如图 1-1 所示）总装前，要检查 CPU、主板、内存、显卡等部件是否兼容；硬件组装完成后，检查机箱内部是否有松动的螺丝，清理遗留在主板上的各种杂物，以防短路等故障发生；启动主机后，如果主板发出报警声或者显示器没有反应，则要关掉电源，重新检查各部件和连接线。

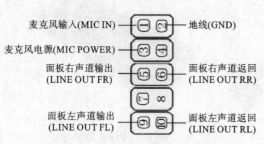

图 1-12　前置音频 AC97 标准连接图

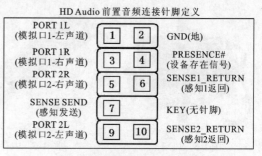

图 1-13　前置音频 HD 标准连接图

2. 系统安装（以安装 Windows XP 为例）

（1）进入 CMOS 设置界面。按 Power 键启动计算机后，立即按 Del 键进入 CMOS 的设置界面（如图 1-14 所示）。进入 CMOS 后，按方向键，移动光标选择 CMOS 界面上的选项，然后按 Enter 键进入子菜单，按 Esc 键返回主菜单，按 Page Up 键和 Page Down 键来选择具体选项。

如果未能及时按 Del 键，计算机将会启动操作系统，这时可按 Reset 键重新启动计算机，并按 Del 键。

（2）设置 CMOS。选择主菜单的"BIOS FEATURES SETUP"项，如图 1-15 所示，将光标移到"Boot Sequence"项，按 Page Up 键或 Page Down 键将启动顺序设置为"CD-ROM"，当操作系统安装完成后再设置为"C，A"。

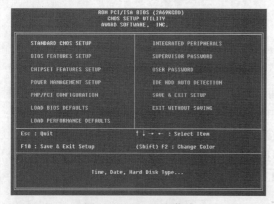

图 1-14　CMOS 主菜单

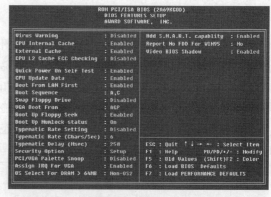

图 1-15　"BIOS FEATURES SETUP"窗口

也可以使用 U 盘安装系统，这一步选择从 USB 盘启动。

（3）确认 CMOS 设置。CMOS 设置完成后，按 Esc 键回到主菜单，新的设置需存储后才能生效，选择"SAVE & EXIT SETUP"或直接按 F10 键，出现确认项"SAVE to CMOS and EXIT（Y/N）？N"对话框，按 Y 后再按"回车键"，如图 1-16 所示，计算机重新启动，CMOS 设置才算最后完成。

（4）进入安装界面。重启计算机，将"Windows XP"系统安装光盘插入光驱，系统盘自动引导进入自检程序，对硬件系统进行检测。启动后，在出现"Press any key to boot from CD."提示时，快速按任意键，即可见到安装界面，根据中文提示按回车键，继续下一步安装。

（5）同意安装许可协议。按 F8 键，同意安装许可协议，如图 1-17 所示。

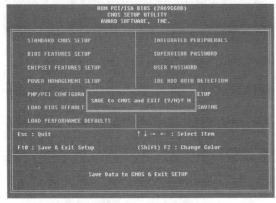

图 1-16 CMOS 保存界面

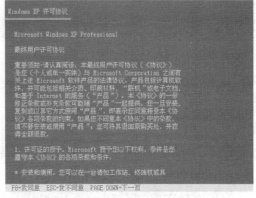

图 1-17 按 F8 键同意安装许可协议

（6）选择或创建分区。用"向上或向下"方向键选择安装系统所在分区，一般选择 C 分区。如果是全新的硬盘，安装时需按 C 键创建新分区。选择好分区后按 Enter 键，如图 1-18 所示。

选好分区后可以对分区进行格式化，或转换文件系统，或保存现有文件系统。要注意的是 NTFS 文件系统可节约磁盘空间，提高安全性和减少磁盘碎片，但同时也存在很多问题。如在 OS 和 Windows 98/Windows Me 系统下将看不到 NTFS 分区。在这里选"用 FAT 文件系统格式化磁盘分区（快）"，按 Enter 键，如图 1-19 所示。注意：只有用安装光盘或安装启动软盘启动 Windows XP 安装程序，才能在安装过程中提供格式化分区选项。

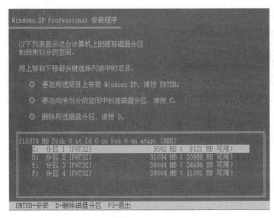

图 1-18 选择分区

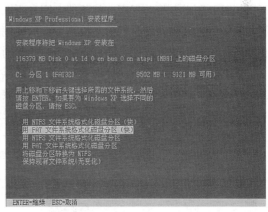

图 1-19 对分区进行格式化

（7）格式化分区并复制文件。文件复制完后，安装程序开始初始化 Windows 配置，然后系统将自动在 15 秒后重新启动并重新进入安装界面。然后用户可根据系统提示进行相关设置，如图 1-20 和图 1-21 所示。

（8）填写安装过程的相关信息。在系统复制程序过程中，根据提示填入相关信息，系统安装结束后重新启动，如图 1-22 所示。Windows XP 桌面如图 1-23 所示。

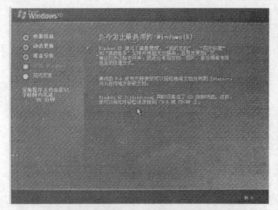

图 1-20　Windows XP 安装向导

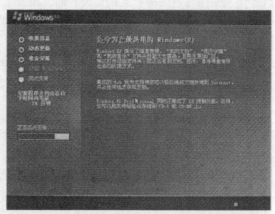

图 1-21　根据提示完成 Windows XP 系统设置

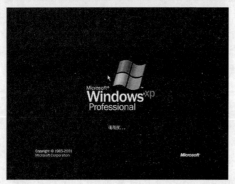

图 1-22　Windows XP 启动画面

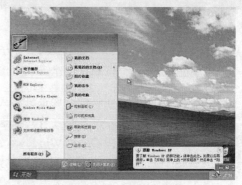

图 1-23　Windows XP 桌面

（9）安装驱动程序。硬件安装完成后，还需安装相应的驱动程序，才能满足使用需求。例如，不安装网卡和声卡驱动程序，就不能上网和听歌；不安装主板驱动程序，计算机运行速度就要比正常的慢。有些驱动光盘能自动检测主板所使用的芯片组、声卡、板载显卡等部件的型号。安装驱动系统单击相应的按钮，即可安装相应的驱动程序，如图 1-24 所示。

如果驱动光盘不能自动检测驱动程序，或以上窗口中没有主板型号或所需的驱动程序，可以在系统设备管理器中指定光盘目录进行搜索安装。也可以单击光驱盘符，右击打开光盘文件，进入相应目录，找到并安装所需驱动程序，如图 1-25 所示。安装的顺序一般为：主板芯片驱动程序→显卡驱动程序→网卡驱动程序→声卡驱动程序→其他驱动程序等。驱动程序安装完成后，再进行一些简单的设置，如设置显示分辨率和网络 IP 等，即可完成安装工作。

图 1-24　安装驱动程序主菜单

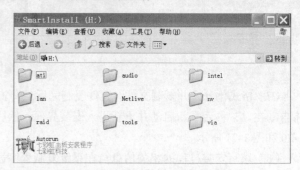

图 1-25　驱动光盘文件/文件夹列表

思 考 题

1. 计算机硬件由哪几个主要部件组成？其主要功能是什么？你能识别机箱内的各个部件吗？

2. CPU 风扇的作用是什么？如何将其固定在主板上？

3. 操作系统的安装准备工作有哪几项？如果从光驱启动系统，需如何设置？请详细描述操作步骤。

4. 系统分区过程中，如何分配 C 盘 20 GB 的空间？

5. 举例说明驱动程序的安装对计算机使用的影响。

6. 综合练习：

切断计算机主机电源，打开计算机的主机箱，对照课本识别各种计算机配件，写出计算机配置清单。写完后关上主机箱并插好电源，启动计算机，查看计算机 BIOS 设置，并设置"Boot Sequence"项为从本地第一硬盘启动，保存设置后启动计算机。在 WidowsXP 环境下，安装"360 安全卫士"软件，在功能大全选项中查找并安装"360 硬件大师"，利用"360 硬件大师"查看计算机中 CPU 和硬盘的温度，查看硬盘已使用时间和整台计算机的功耗。

实验目的

1. 熟悉计算机键盘的键位分布。
2. 掌握使用键盘的正确姿势、击键规则和击键时手指的键位分工。
3. 掌握几种常用的汉字输入方法。

实验内容

案例： 练习将英文输入计算机，并通过练习提高输入速度，达到每分钟输入 120 字符；练习将汉字输入计算机，并通过练习提高输入速度，达到每分钟输入 30 个汉字。

1. 英文字符的输入——键位强化练习

可以利用"金山快快打字通 2011"等软件进行键位强化练习。金山快快打字通 2011 主界面如图 2-1 所示。

（1）如何进行英文打字练习。

单击主界面的"英文打字"按钮，就可进入英文打字界面，如图 2-2 所示。

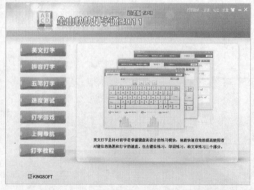

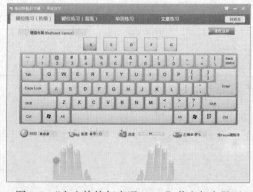

图 2-1 "金山快快打字通 2011"主界面　　　　图 2-2 "金山快快打字通 2011"英文打字界面

英文打字练习共设有 4 种方案：初级键位练习、高级键位练习、单词练习和文章练习。在进行英文打字键位练习时，用户可以选择"键位练习"课程的"分键位"进行练习。先从最基本的键位开始练起，逐渐扩展到全部手指的键位，一步一步地熟悉键盘。软件界面有手指图形，它不仅能提示每个字母在键盘上的位置，还会告诉练习者要用哪个手指来敲击当前需要键入的字符。用户在进行键位练习时，键位图会提示用户击键的位置。提示的时候键位显示为绿色，如果击对，键位变为原来的颜色；如果击错，则在所击的错误键上显示叉号，直到击到正确的键后，叉号才会消失。

（2）如何进行拼音打字练习。

单击主界面的"拼音打字"按钮，就进入到拼音打字界面，如图2-3所示。

拼音打字是为那些非专业打字员用户准备的。分"音节练习"、"词汇练习"和"文章练习"3个部分。在音节练习中，主要针对的方言模糊音、连音词、普通话异读词练习。

在词汇练习中，可以按专业选择词汇进行练习，此外，该部分练习还提供了中文常用词汇；在文章练习中，提供了30篇文章可以按照"多行对照"或"单行对照"的方式进行对照练习。

（3）如何进行五笔打字练习。

单击主界面的"五笔打字"按钮，就进入了五笔打字界面，如图2-4所示。

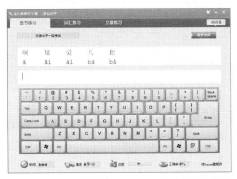

图2-3　"金山快快打字通 2011"拼音打字界面

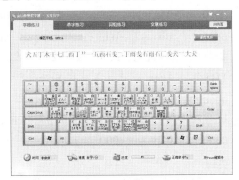

图2-4　"金山快快打字通 2011"五笔打字界面

五笔打字练习也有分类训练，包括"字根练习"、"单字练习"、"词组练习"和"文章练习"。在五笔字根练习中，还可以分"横区"、"竖区"、"撇区"、"捺区"、"折区"及"综合"进行分项练习。可以根据自己的实际情况选择练习，循序渐进地提高。

（4）如何进行速度测试。

单击主界面的"速度测试"按钮，就进入了速度测试界面，如图2-5所示。

打字速度测试可以采用屏幕对照的形式进行，选择相应的课程进行测试，通过多次测试和练习使

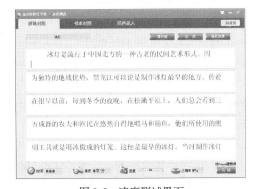

图2-5　速度测试界面

英文打字的速度达到每分钟120字符，汉字打字的速度达到每分钟30个汉字。

2．英文字符的输入——击键练习题一

练习一　练习击打4、5、6、r、t、f、d、v和b键（左手食指）。

| 4444 | 5555 | 4545 | 4vb5 | 5gf4 | 5bv4 |

| rrrr | ffff | tttt | gggg | vvvv | bbbb |

tbfg　rrvb　bvft　gfrt　vtgr　rgvt

练习二　练习击打6、7、u、y、h、j、m和n键（右手食指）。

| 6666 | 7777 | 6767 | 67nm | m76n | 6un7 |

| uuuu | yyyy | jjjj | hhhh | nnnn | mmmm |

umny　uhmy　jhun　yjun　humn　jhhu

练习三　练习击打3、e、d和c键（左手中指）。

| 3333 | 3edc | 3cde | ed3c | d3ec | cc3c |
| eeee | dddd | cccc | edcd | eccd | cdee |

练习四　练习击打 8、i、k 和，键（右手中指）。

| 8888 | 8ik, | 8,ik | 8kki | 88,i | kk8i |
| iiii | kkkk | ,,,, | iik, | ,k,i | ki,k |

练习五　练习击打 2、x、s 和 w 键（左手无名指）。

| 2222 | 2xsw | ww2x | xx2s | ss2x | s2wx |
| xxxx | ssss | wwww | wsxs | xxws | wwxs |

练习六　练习击打 9、o、1 和.键（右手无名指）。

| 9999 | 9ol. | 9ll9 | 9lo. | oo9l | ool. |
| oooo | llll | o.l. | ooll | oo.l | ll.o |

练习七　练习击打 1、q、a 和 z 键（左手小指）。

| 1111 | 1qaz | zaq1 | qq1z | zz1q | a11z |
| qqqq | aaaa | zzzz | qaza | zaqa | qqaz |

练习八　练习击打 0、p、；和/键（右手小指）。

| 0000 | 00p/ | 000; | pp;0 | p;;0 | //0p |
| pppp | ;;;; | //// | p;/0 | 0/;p | ;;p/ |

3. 英文字符的输入——击键练习题二

练习九　整句英文输入练习。

I have a dream that one day this nation will rise up and live out the true meaning of its creed: "We hold these truths to be self-evident: that all men are created equal." I have a dream that one day on the red hills of Georgia the sons of former slaves and the sons of former slave owners will be able to sit down together at a table of brotherhood. I have a dream that one day even the state of Mississippi，a desert state，sweltering with the heat of injustice and oppression，will be transformed into an oasis of freedom and justice. I have a dream that my four children will one day live in a nation where they will not be judged by the color of their skin but by the content of their character. I have a dream today.

4. 汉字字符的输入——智能 ABC 输入法练习

对于初学者来说，拼音类的输入法较易上手，只要知道汉字的拼音，就可以找到所需的汉字。智能 ABC 输入法的几种输入方式如下。

全拼是指在输入汉字时依次输入每个汉字的所有拼音字母，如用全拼输入"桂花"两字则应输入完整的拼音字母"guihua"，然后按空格键确认（如有重码按数字键选择）。

简拼是指在输入汉字时只取各个音节的第一个字母，如用简拼输入"桂花"两字，则只输入"gh"两个字母，再按空格键（如有重码按数字键选择）即可。

混拼是指在输入两个音节以上的词语时，使用全拼与简拼相结合的方法进行输入，例如：

　　　　　　全拼　　　　简拼　　　混拼

金沙江：jinshajiang　　jsj　　jinsj，jshaj

练习十　整句中文输入练习。

中国素以文明古国、礼仪之邦著称于世，几千年来不仅创造了灿烂悠久的历史文化，而且形成了高尚的道德准则和完整的礼仪规范。此刻，2008 名乐手，一边击缶，一边高声吟诵着数千年前孔子写在论语中的名句，我们用独特的方式，表达北京最真挚的欢迎之情。欢迎所有热爱友谊与和平的朋友们来到北京，来到中国，欢迎所有热爱奥林匹克运动的朋友们来到奥林匹克大家庭。

5. 汉字字符的输入——五笔字型输入法练习

练习十一　键名汉字和成字字根练习。

言　王　金　山　火

五　古　马　手　六

练习十二　少于四码的键外字练习——识别码练习。

艾　丹　飞　勾　却

元　仁　位　丫　正

练习十三　刚好四码的键外字练习。

照　修　路　能　特

党　调　磨　裂　偌

练习十四　超过四码的键外字练习。

解　整　魔　常　愉

就　氅　辖　输　螳

练习十五　二字词练习。

工厂　　巧妙　　菠菜　　功夫　　理由

避免　　宣传　　急忙　　减少　　方面

练习十六　三字词练习。

巧克力　学习班　必修课　挂号信　核电站

机械化　意见簿　录像片　介绍信　论文集

练习十七　四字词练习。

基础理论　　共产主义　　无坚不摧　　志同道合　　规章制度

至理名言　　开发利用　　五笔字型　　战斗英雄　　中央领导

练习十八　多字词练习。

中华人民共和国　　中国人民解放军　　人民大会堂

操作练习题

1. 填写完整的指键位分工至图 2-6 中。

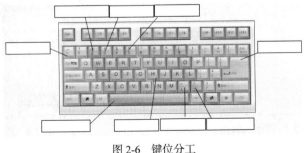

图 2-6　键位分工

2. 写出下列键位的主要功能。

Caps Lock：_____ Shift：_____ Ctrl：_____

Alt：_____ Enter：_____ Delete：_____

Num Lock：_____ Backspace：_____

综合练习：

在开始菜单中选择"所有程序"→"金山快快打字通 2011"→"导入自定义课程"，启动课程编辑器，如图 2-7 所示。

"分类"选择"速度测试"，"课程"选择"屏幕对照"，"名称"输入"我的测试"，内容输入以下两段文字：

I have a dream that one day the state of Alabama，whose governor's lips are presently dripping with the words of nullification，will be transformed into a situation where little black boys and black girls will be able to join hands with little white boys and white girls and walk together as sisters and brothers. I have a dream today. I have a dream that one day every valley shall be exalted，every hill and mountain shall be made low，the rough places will be made plain，and the crooked places will be made straight，and the glory of the Lord shall be revealed，and all flesh shall see it together. This is our hope. This is the faith with which I return to the South. With this faith we will be able to hew out of the mountain of despair a stone of hope. With this faith we will be able to transform the jangling discords of our nation into a beautiful symphony of brotherhood. With this faith we will be able to work together, to pray together, to struggle together, to go to jail together, to stand up for freedom together，knowing that we will be free one day.

中秋节又称月夕、八月节、八月会、追月节、玩月节、拜月节、女儿节或团圆节，是流行于全国众多民族中的传统文化节日，时在农历八月十五；因其恰值三秋之半，故名。据说此夜月球距地球最近，月亮最大、最圆、最亮，所以从古至今都有饮酒赏月的习俗；回娘家的媳妇是日必返夫家，以寓圆满、吉庆之意。也有些地方将中秋节定在八月十六（如宁波、台州、舟山），这与方国珍占据温、台、明三州时，为防范元朝官兵和朱元田的袭击而改"正月十四为元宵、八月十六为中秋"有关。此外在香港，过了中秋兴犹未尽，还要在十六夜再狂欢一次，名为"追月"。

单击"保存"后关闭"课程编辑器"，启动"金山快快打字通 2011"，选择"速度测试"，单击"课程选择"，在打开的窗口（如图 2-8 所示）的下拉列表框中选择"自定义"，选择在下面出现的"我的测试"，单击"确定"后开始测试。

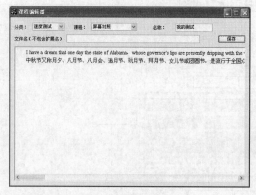

图 2-7　课程编辑器

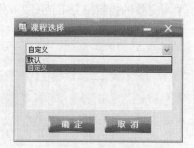

图 2-8　课程选择

对照屏幕进行测试，当需要输入中文时，可以使用左边的"Ctrl+Shift"组合键切换到相应中文输入法。完成文字输入后查看输入的速度，看是否能达到每分钟输入 60 个字符。

实验三
Windows XP 的基本操作

实验目的

1. 熟悉 Windows XP 桌面风格及相关设置。
2. 掌握鼠标、键盘的基本操作。
3. 熟悉窗口、对话框、菜单、任务栏等相关操作。

实验内容

1. 鼠标的基本操作练习

（1）姿势练习。

手握鼠标，不要太紧，就像把手放在自己的膝盖上一样，使鼠标的后半部分恰好在掌下，食指和中指分别轻放在左右按键上，拇指和无名指轻夹两侧。

（2）移动练习。

移动鼠标使其对准桌面上的"我的电脑"图标。

（3）左键单击（简称单击，指鼠标左键单击）练习。

快速按下并松开鼠标左键，"我的电脑"图标颜色变深，表明该图标已经选中。

（4）左键双击（简称双击，指鼠标左键连续单击两次）练习。

重新移动鼠标指向"我的电脑"图标，快速、连续地按下并松开鼠标左键两次，就打开了"我的电脑"窗口。

（5）左键拖曳（简称拖曳）练习。

重新移动鼠标指向"我的电脑"图标，按住鼠标左键不要松开，然后在桌面上拖动，将鼠标移到目标位置，松开鼠标左键。

（6）右键单击（简称右击）练习。

在桌面空白区域，快速按下并松开鼠标右键，这时会出现一个快捷菜单，如图 3-1 所示。

图 3-1　桌面右键菜单

2. Windows XP 的注销、待机、重启、关机操作练习

（1）注销当前用户操作练习。

单击"开始"按钮，在弹出的开始菜单上选"注销"选项，再在弹出的窗口中单击"注销"按钮，如图 3-2 所示。

（2）将计算机进入待机状态练习。

单击"开始"菜单下的"关闭计算机"命令，弹出"关闭计算机"对话框，如图 3-3 所示，在该对话框中单击"待机"按钮。

图 3-2 "注销 Windows"窗口

图 3-3 "关闭计算机"窗口

提示

　　如果要解除待机状态，可移动一下鼠标或按一下键盘上的任意键，或快速地按一下计算机上的电源按钮。

（3）重新启动计算机练习。

　　单击"开始"菜单下的"关闭计算机"命令，弹出"关闭计算机"对话框，如图 3-3 所示，在该对话框中单击"重新启动"按钮。

（4）关闭计算机练习。

　　单击"开始"菜单下的"关闭计算机"命令，弹出"关闭计算机"对话框，如图 3-3 所示，在对话框中单击"关闭"按钮。

3. 桌面图标操作练习

（1）创建桌面图标练习。

　　在 Windows XP 桌面的空白区域单击鼠标右键，在弹出的快捷菜单中选择"属性"选项，弹出"显示属性"对话框，单击"桌面"选项卡，在其中单击"自定义桌面"按钮。弹出"桌面项目"对话框，在"桌面图标"栏中选中需显示的系统图标名称复选框，这里选中所有复选框，以便将所有系统图标都显示在桌面上，单击"确定"按钮，返回"显示属性"对话框，单击"确定"按钮，设置生效。选择"开始"→"所有程序"命令，在"所有程序"子菜单中要创建快捷方式图标的程序上（如在"Windows Media Player"程序上）单击鼠标右键，在弹出的快捷菜单中选择"发送到"→"桌面快捷方式"命令，返回桌面，即可看到系统图标和程序快捷方式图标都添加到桌面上了。

（2）排列桌面图标练习。

　　在 Windows XP 桌面上单击鼠标右键，在弹出的快捷菜单中选择"排列图标"选项，在弹出的子菜单中选择所需的排列方式即可，如图 3-4 所示。在取消选择"自动排列"命令的状态下，可自由拖动桌面上的图标进行排列。

4. "任务栏"设置为"自动隐藏方式"操作练习

　　在"任务栏"单击鼠标右键，在弹出的菜单中选择"属性"选项，如图 3-5 所示，在弹出的"任务栏和[开始]菜单属性"窗口中选中"任务栏"的"自动隐藏任务栏"复选框，如图 3-6 所示。

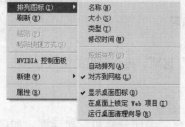

图 3-4 桌面右键菜单

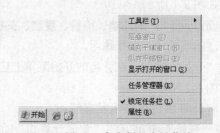

图 3-5 任务栏的右键菜单

5．窗口操作练习

（1）打开窗口练习。

双击"我的电脑"图标，弹出"我的电脑"窗口。

（2）关闭窗口的五种操作练习。

单击"我的电脑"窗口标题栏右上角的关闭按钮。

选择"我的电脑"窗口文件菜单的"关闭"命令。

双击"我的电脑"窗口标题栏左上角的电脑图标。

选择"我的电脑"窗口的控制菜单关闭命令，即单击图标，选择"关闭"命令。

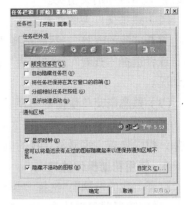

图 3-6　"任务栏和[开始]菜单属性"窗口

按键盘上的"Alt+F4"组合键。

（3）最小化窗口练习。

单击"我的电脑"窗口标题栏上的最小化按钮，窗口缩小成按钮，排列在桌面的任务栏上。

（4）最大化窗口练习。

单击"我的电脑"窗口标题栏的最大化按钮，窗口会铺满整个桌面。

（5）恢复窗口原大小练习。

在最大化状态下的"我的电脑"窗口中，单击标题栏的恢复按钮，可以使窗口恢复原状。

（6）改变窗口大小操作练习。

将鼠标指向"我的电脑"窗口边框和 4 个角，鼠标会变成不同的形状（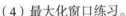），这时按下鼠标左键并拖动鼠标可以改变窗口的形状和大小。

（7）移动窗口操作练习。

将鼠标移到"我的电脑"窗口的标题栏上，按下鼠标并拖动窗口到一个新位置，然后松开鼠标（如同拖动图标一样拖动窗口）。

6．输入法切换操作练习

（1）中英文输入法切换。

按下"Ctrl+空格"组合键，中文输入法被激活；重新按下"Ctrl+空格"组合键则关闭中文输入法。

（2）选择输入法。

单击任务栏右侧的输入法指示图标，屏幕弹出当前系统已装入的输入法菜单，单击要选用的输入法，即可切换到相应的输入法状态。使用键盘上的"Ctrl+Shift"组合键可在英文及各种输入法之间进行切换，切换到自己需要的输入法即可。

（3）输入法的区域设置。

单击桌面任务栏的"开始"按钮，（经典开始菜单模式）在"设置"选项的级联菜单中选择"控制面板"，弹出相应窗口，在其中双击"区域和语言选项"图标，弹出"区域和语言选项"对话框，在"语言"选项卡的"详细信息（D）…"中单击"键设置"按钮，在"高级键设置"中，选定要自定义按键顺序的输入法区域设置，单击"更改按键顺序"，选中"启用按键顺序"，再单击要使用的按键顺序。

7．菜单操作练习

（1）熟悉"标准按钮"、"地址栏"和"状态栏"。

打开"我的电脑"，然后选择"查看"→"状态栏"命令；或者选择"查看"→"工具栏"→

"标准按钮"命令；或者选择"查看"→"工具栏"→"地址栏"命令。观察状态栏、标准按钮、地址栏的出现和消失情况。

（2）熟悉文件夹的查看方式。

打开"我的电脑"，然后选择"查看"→"大图标"命令；或者选择"查看"→"小图标"命令；或者选择"查看"→"列表"命令；或者选择"查看"→"详细资料"命令。观察窗口的变化情况。

（3）熟悉用菜单快捷键实现上述操作。

打开"我的电脑"，然后按 F10 键或 Alt 键激活菜单栏，再单击菜单名后面括号中的字母键。例如，想以列表方式显示"我的电脑"的内容可依次按 Alt 键、V 键、L 键。

8. 使用帮助操作练习

打开"我的电脑"，选择"帮助"→"帮助和支持中心"命令（或者在"桌面"状态下按 F1 键），弹出"帮助和支持中心"窗口，在窗口的"搜索"输入框中输入"窗口"，按回车键或单击右侧按钮。

如果系统显示不能打开"帮助和支持中心"窗口，则选择"开始"→"程序"→"管理工具"→"服务"命令，找到"Help and Support"服务，单击鼠标右键，在弹出的快捷菜单中选择"属性"选项，在"Help and Support 的属性"对话框中将"启动类型"改成"自动"或"手动"，单击"应用"按钮，然后单击"启动"按钮，再单击"确定"按钮，最后关闭窗口。

思 考 题

1. 请填写鼠标指针所代表的意思。

鼠 标 指 针	表示的状态	鼠 标 指 针	表示的状态	鼠 标 指 针	表示的状态
↖		↕		＋	
↖?		↔		Ⅰ	
↖⌛		↘		⊘	
⌛		↗		✎	
✛		↑		☝	

2. 鼠标的单击、双击、三击都有什么作用？左击、右击鼠标按键呢？

3. 开机、关机的步骤是怎样的？热启动和冷启动有什么区别？

4. 桌面图标的排列方式有哪些？它们的区别是什么？

5. 为什么要使用开始菜单的关机命令来关机，而不能直接关电源？

6. 窗口最大化、关闭窗口有哪几种方法？

实验四
文件系统和资源管理器

实验目的

1. 理解文件和文件夹的概念及文件系统的组织方式。
2. 掌握 Windows XP 的资源浏览方法。
3. 掌握文件或文件夹的选定、重命名与搜索方法。
4. 掌握文件或文件夹的复制、删除和恢复删除方法。
5. 掌握文件夹和文件属性的查看与设置方法。

实验内容

1. 在"我的文档"下新建一个名称为"实验四"的文件夹

打开"我的文档",右击,选择"新建"命令,在"新建"命令的子菜单中选择"文件夹",如图 4-1 所示,将"新建文件夹"改为"实验四"。

2. 在新建的"实验四"文件夹中新建一个名为"测试文档.txt"的文件

打开"实验四",右击,选择"新建"命令,在"新建"命令的子菜单中选择"文本文档",如图 4-1 所示,将"新建文本文档"改为"测试文档"。

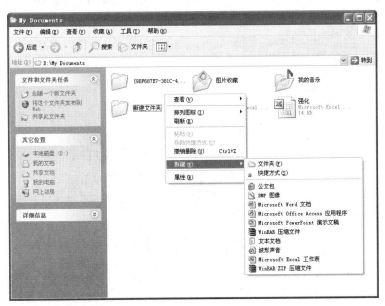

图 4-1 "我的文档"中的新建菜单项

新建文档的扩展名 ".txt" 不用输入，新建文本文件时，其扩展名自动为 ".txt"。

3. 将"我的文档"中"我的音乐"内的"示例音乐"文件夹复制到所建的"实验四"文件夹中

在桌面上双击"我的文档"图标，在打开的窗口中双击"我的音乐"图标，单击"示例音乐"文件夹，即选定"示例音乐"文件夹，单击"编辑"菜单，选中"复制"命令，如图 4-2 所示。也可按下"Ctrl+C"组合键，在桌面上双击"我的文档"图标，在打开的窗口中双击"实验四"文件夹图标，展开"实验四"文件夹，选择"编辑"→"粘贴"命令，如图 4-2 所示。也可按下"Ctrl+V"组合键将所有文件复制到"实验四"文件夹。

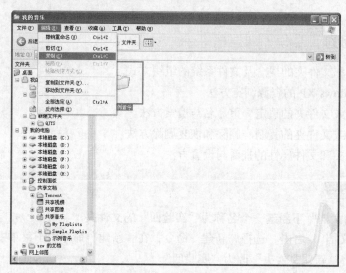

图 4-2　编辑菜单

4. 将示例图片复制到文件夹

将"我的文档"中"图片收藏"内的"示例图片"文件夹中的"Blue hills"、"Water lilies"和"Winter" 3 个文件复制到新建的"实验四"文件夹中，如图 4-3 所示。

图 4-3　"示例图片"窗口

在桌面上双击"我的文档"图标,在打开的窗口中双击"图片收藏"图标,双击"示例图片"文件夹,即打开"示例图片"文件夹,选择好文件后单击"编辑"菜单,选中"复制"命令,如图 4-2 所示。也可按下"Ctrl+C"组合键,在桌面上双击"我的电脑"图标,在打开的窗口中双击"我的文档"图标,再在打开的窗口中双击"实验四"文件夹图标展开"实验四"文件夹,选择"编辑"→"粘贴"命令,或使用"Ctrl+V"组合键实现复制。

通常,在对文件或文件夹进行操作时都需要先选中目标文件才能进行(如移动、复制或删除等操作),为了能快速选择文件或文件夹,Windows XP 系统提供了如下几种选定文件和文件夹的方法。

(1)选定单个文件:在文件夹窗口中单击要操作的目标对象即可。

(2)选定连续多个文件或文件夹:先按下 Shift 键,并按顺序单击第一个文件或文件夹,再单击最后一个文件或文件夹即可。

(3)选定不连续的多个文件或文件夹:先按下 Ctrl 键,再单击要选择的文件或文件夹即可。

5.将实验内容"2"中新建的"测试文档.txt"文件重命名为"操作说明.txt"文件

打开"我的文档"窗口,右击"测试文档.txt"文件,在弹出的快捷菜单中选择"重命名"命令,如图 4-4 所示,输入"操作说明.txt"后在其他地方单击一下即可。

6.搜索文件"操作说明.txt",并将其删除

选择"开始"→"搜索"→"文件或文件夹"命令,如图 4-5 所示,在弹出的窗口输入框中输入与"操作说明.txt"相关的信息,如图 4-6 所示,单击"立即搜索"按钮,选定搜索到的目标文件,如图 4-7 所示,按 Del 键,系统弹出"确认文件删除"对话框,如图 4-8 所示,单击"是"按钮。

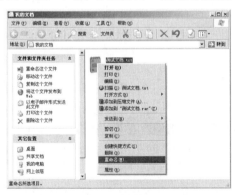

图 4-4　重命名

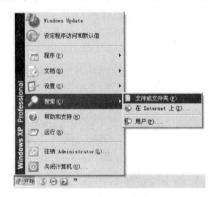

图 4-5　打开搜索窗口

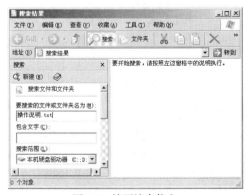

图 4-6　填写搜索信息

图 4-7　选定搜索到的文件

7. 恢复删除的文件"操作说明.txt"

双击桌面上的"回收站"图标，弹出"回收站"窗口，选定要恢复的文件或文件夹，如图4-9所示。在窗口左侧的回收站任务栏中选择"还原此项目"命令。

图4-8 "确认文件删除"对话框   图4-9 恢复删除文件

8. 查看"操作说明"文件夹的大小、占用空间和创建时间，并将其属性设为只读和隐藏

打开"我的文档"窗口，右击"操作说明"文件夹，在弹出的菜单中选择"属性"选项，弹出该文件夹的属性对话框，如图4-10所示，选中"只读"、"隐藏"复选框，单击"确定"按钮，弹出"确认属性更改"对话框，如图4-11所示，单击"确定"按钮，该属性更改被确认。

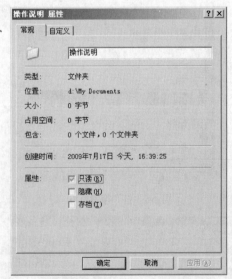

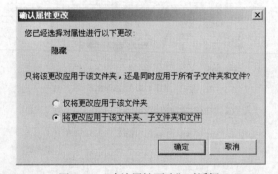

图4-10 "操作说明属性"对话框   图4-11 "确认属性更改"对话框

9. 查看隐藏的文件夹"操作说明"，并显示出完整的路径

打开"我的文档"，选择"工具"→"文件夹选项"命令，弹出如图4-12所示的对话框，在该对话框中选择"查看"选项卡，在"查看"选项卡中选择"显示所有文件和文件夹"，选择"在地址中显示完整路径"选项，如图4-13所示。单击"确定"按钮，隐藏的"操作说明"文件夹就会显示出来。

图 4-12 "文件夹选项"常规选项

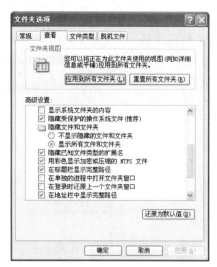
图 4-13 "文件夹选项"查看选项

10. 对 U 盘进行格式化

打开"我的电脑",选中所要格式化的 U 盘,选择"文件"→"格式化"命令,或在 U 盘上单击鼠标右键,在快捷菜单中选择"格式化"命令。

提示　　格式化操作将删除 U 盘上的所有数据,因此,操作前一定要把数据备份好。

11. 磁盘碎片整理

打开"磁盘碎片整理程序",单击"碎片整理"按钮开始整理磁盘碎片,系统会在"碎片整理显示"栏用不同颜色显示整理进度情况,如图 4-14 所示。

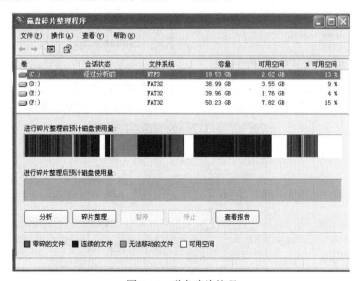
图 4-14 磁盘碎片整理

提示　　打开"磁盘碎片整理程序"的方法有如下两种。

（1）在"计算机管理"窗口中，单击控制台树中"存储"下的"磁盘碎片整理程序"，将在右侧窗口区启动磁盘碎片的整理程序，如图 4-15 所示。

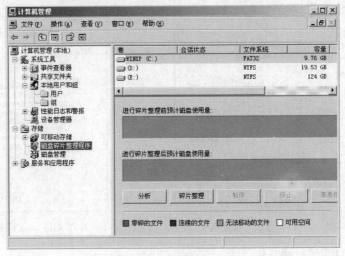

图 4-15 "计算机管理"窗口

（2）选择"开始"→"程序"→"附件"→"系统工具"→"磁盘碎片整理程序"命令。

12. 磁盘清理

选择"开始"→"程序"→"附件"→"系统工具"→"磁盘清理"命令，弹出"选择驱动器"对话框，如图 4-16 所示。选择要清理的磁盘（如 D：盘），单击"确定"按钮，弹出"磁盘清理"对话框，该对话框显示系统"正在计算…"，如图 4-17 所示。计算完毕弹出如图 4-18 所示的"（D：）的磁盘清理"对话框，并显示可删除的文件。选中相关对象，单击"确定"按钮后，系统开始清理磁盘。

图 4-16 "选择驱动器"对话框

图 4-17 "磁盘清理"对话框

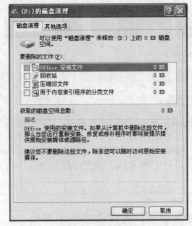

图 4-18 "（D：）的磁盘清理"对话框

思 考 题

1. 选定一个文件或文件夹的操作方法是＿＿＿＿＿＿＿＿；选定连续的多个文件或文件夹的操作方法是＿＿＿＿＿＿＿＿；选定不连续的多个文件或文件夹的操作方法是＿＿＿＿＿＿＿＿；选定所有文件或文件夹的操作方法是＿＿＿＿＿＿＿＿。

2. 在同一个盘符的两个窗口内用鼠标拖动文件是指＿＿＿＿＿＿＿＿文件操作；在不同盘符的两个窗口内拖动文件是指＿＿＿＿＿＿＿＿文件操作。也可以通过＿＿＿＿＿＿＿＿、粘贴复制文件，通过＿＿＿＿＿＿＿＿、粘贴移动文件。

3. 被删除的文件能找回来吗？在哪里找？如何找？

4. 说明下列两种使用通配符查找文件的意义。

教案.pp? ＿＿＿＿＿＿＿＿

教案*.* ＿＿＿＿＿＿＿＿

5. 磁盘整理的好处是什么？什么时候需要进行磁盘整理？

实验五
Windows 的其他操作

实验目的

1. 掌握 Windows 的其他一些常用操作。
2. 熟悉个性化桌面的设置方法。
3. 熟悉宽带拨号程序的设置方法。
4. 掌握音量调节控制的操作方法。
5. 掌握如何在系统中添加打印机。

实验内容

1. 熟悉显示或隐藏"我的电脑"和"我的文档"两个图标的操作

在桌面空白区域单击鼠标右键，在弹出的对话框中选择"属性"命令，如图 5-1 所示，弹出"显示属性"窗口，在该窗口中选择"桌面"→"自定义桌面"命令，弹出"桌面项目"对话框，如图 5-2 所示，在桌面图标选中或不选中"我的电脑"和"我的文档"的复选框即可显示或隐藏"我的电脑"和"我的文档"。

2. 设置当前屏幕保护为"字幕"，10 分钟后启动，屏幕保护预览，如图 5-3 所示

在桌面空白区域单击鼠标右键，在弹出的对话框中选择"属性"，如图 5-1 所示，在"显示属性"窗口中选择"屏幕保护程序"，在"屏幕保护程序"下拉列表框中选择"字幕"，设置"等待"时间为 10 分钟，单击"设置"，在弹出的"字幕设置"对话框中输入"欢迎使用 Windows XP"，并设置颜色为"灰色"，"速度"设为慢速，如图 5-4 所示，单击"确定"按钮，效果如图 5-3 所示。

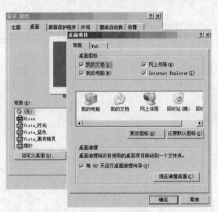

图 5-1　快捷菜单　　　　　　　　　　　　　图 5-2　显示属性窗口

图 5-3　屏幕保护预览　　　　　　　　　　图 5-4　屏幕保护程序窗口

3. 将屏幕分辨率设置为"1024×768 像素"，颜色质量为"最高 32 位"，刷新率为"75 赫兹"

在桌面空白区域单击鼠标右键，在弹出的菜单中选择"属性"，在"显示 属性"窗口中选择"设置"，如图 5-5 所示，将屏幕分辨率改为"1024×768 像素"，颜色质量设为"最高 32 位"，再单击"高级"按钮，在弹出的"即插即用监视器"窗口"监视器设置"选项中，将"屏幕刷新频率"设为"75 赫兹"，如图 5-6 所示。

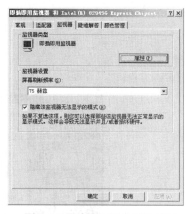

图 5-5　"显示属性"窗口　　　　　　　　图 5-6　"即插即用监视器"窗口

4. 在 Windows XP 中设置宽带拨号

双击"网上邻居"，在"网络任务"中选择"创建一个新的连接"，选择相关设置，填写账号和密码，即可完成宽带上网拨号的设置，如图 5-7 ~ 图 5-13 所示。

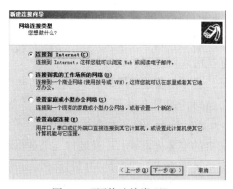

图 5-7　新建连接向导　　　　　　　　　图 5-8　"网络连接类型"

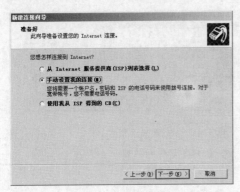

图 5-9 "手动设置我的连接"

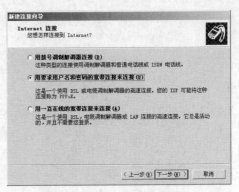

图 5-10 "Internet 连接"设置

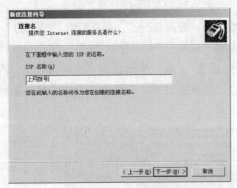

图 5-11 "连接名"设置

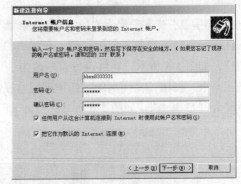

图 5-12 "Internet 帐户信息"设置

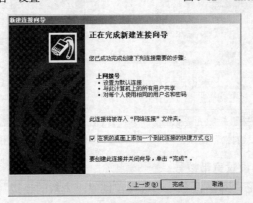

图 5-13 "上网拨号"结束

5. 音量控制

在任务栏的右边有一个小喇叭形状的扬声器图标，双击它就可以打开"音量控制"窗口，从中可以拖拉滑块对音量进行控制。

另外，还可以通过"开始"→"程序"→"附件"→"娱乐"→"音量控制"步骤来打开"音量控制"窗口，如图 5-14 所示。

6. 为 Windows XP 添加激光打印机

打印机的安装分两块：一是硬件，二是驱动程序。到底是先安装硬件，还是先安装驱动程序，要看打印机类型而定。如果是并口打印机，一般先接打印机，再装驱动程序，而如果是 USB 口的打印机，一般先装驱动程序再接打印机。

打印机驱动程序的安装有两种方式。如果驱动程序安装盘是以可执行文件方式提供的，则直接运行 setup.exe 就可以按照其安装向导的提示一步步地完成。如果只有驱动程序文件，则安装就相对麻烦。以下是针对后一种情况的操作。

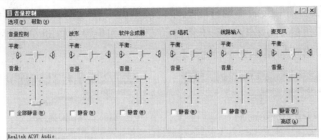

图 5-14　音量控制

（1）在控制面板双击"打印机和传真"图标，如图 5-15 所示，弹出如图 5-16 所示的"打印机和传真"窗口。

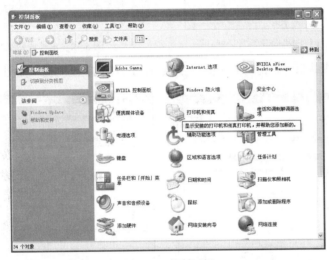

图 5-15　控制面板

图 5-16　"打印机和传真"窗口

这个窗口显示所有已经安装了的打印机（包括网络打印机）。这里是安装新打印机，因此单击左边的"添加打印机"按钮，弹出"添加打印机向导"对话框，如图 5-17 所示。

（2）单击"下一步"按钮，安装向导询问是安装本地打印机还是网络打印机，默认为本地打印机，如图 5-18 所示。如果安装本地打印机即直接单击"下一步"，系统将自动检测打印机类型：如果系统里有该打印机的驱动程序，系统将自动安装；如果没有自动安装则会报一个出错信息，这时单击"下一步"出现如图 5-19 所示窗口。

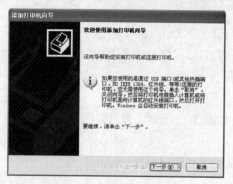
图 5-17 "添加打印机向导"对话框

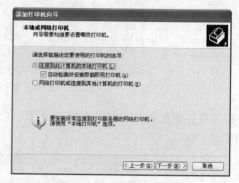
图 5-18 本地或网络打印机

（3）这里使用默认值，单击"下一步"，弹出询问打印机类型的提示如图 5-20 所示。

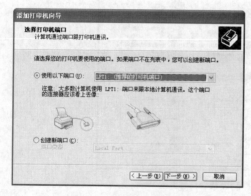
图 5-19 "选择打印机端口"窗口

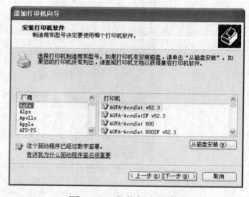
图 5-20 安装打印机软件

（4）如果在图 5-20 所示的列表中找到对应厂家及其打印机型号，如联想 Legend 和型号 LJ2110P，则直接选中，然后单击"下一步"，系统开始安装，系统提示给正在安装的打印机起个名字，并询问是否把它设置为默认打印机，如图 5-21 所示。

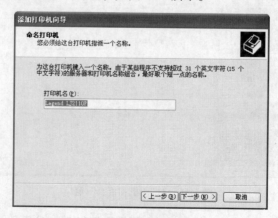
图 5-21 打印机命名

（5）如果在图 5-20 所示的列表中没有找到对应厂家及其打印机型号，安装者就必须提供驱动程序的位置。在如图 5-20 所示的窗口中选择"从磁盘安装"，然后在弹出的对话框中选择驱动程序所在的位置（比如光盘），找到正确位置后单击"打开"按钮（如果位置不正确，单击"打开"按钮将没有响应，表示需要重新选择），选择后单击"下一步"，出现如图 5-22 所示窗口，询问是否打印测试页，一般新安装的打印机都要测试。单击"下一步"，最后单击"完成"按钮，如图 5-23 所示。

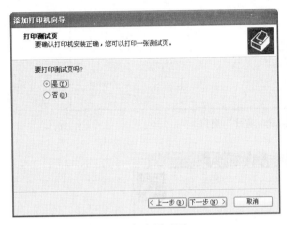
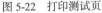

图 5-22　打印测试页

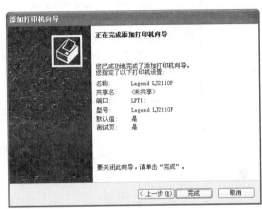

图 5-23　添加打印机完成

7. 为 Windows XP 添加 Internet 信息服务（IIS）组件

打开"我的电脑"窗口，在"其他位置"处选择"控制面板"，再在弹出的"控制面板"窗口中双击"添加/删除程序"图标，单击"添加/删除 Windows 组件"，系统弹出"Windows 组件向导"对话框，在"组件"下面的列表框中选择"Internet 信息服务"，单击前面的复选框，使之呈选中状态，单击"下一步"按钮，提示完成后续安装任务，如图 5-24～图 5-26 所示。

图 5-24　控制面板

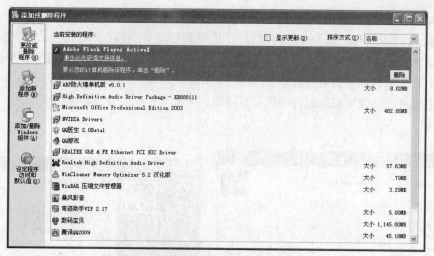

图 5-25 "添加或删除程序"窗口

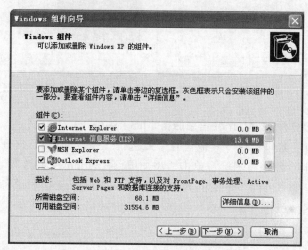

图 5-26 "Windows 组件向导"对话框

思 考 题

1. 什么情况下需要多用户功能，结合实验结果说明如何添加用户，并为新增用户设置密码。
2. （多选题）下面哪些选项是在控制面板中进行设置的（　　）。
   A. 显示属性
   B. 添加新字体
   C. 调节音量
   D. 调整日期和时间
   E. 计算机管理
   F. 搜索文件和文件夹
3. 屏幕保护程序主要适用于什么样的显示器？它起什么作用？
4. 如何将网上下载的图片设为桌面背景？请结合实验过程写出详细的步骤。
5. 默认打印机与非默认打印机的区别是什么？网络打印机与本地打印机的区别是什么？

实验六
Word 2007 基本操作

实验目的

1. 掌握建立、打开、编辑、保存文档的方法。
2. 掌握设置文档格式的方法。
3. 掌握查找与替换文本的方法。
4. 掌握页面设置方法。
5. 掌握文档打印操作方法。

实验内容

案例：制作"某公司的招聘简章"，其中输入的文本如图 6-1 所示。排版效果如图 6-2 所示。

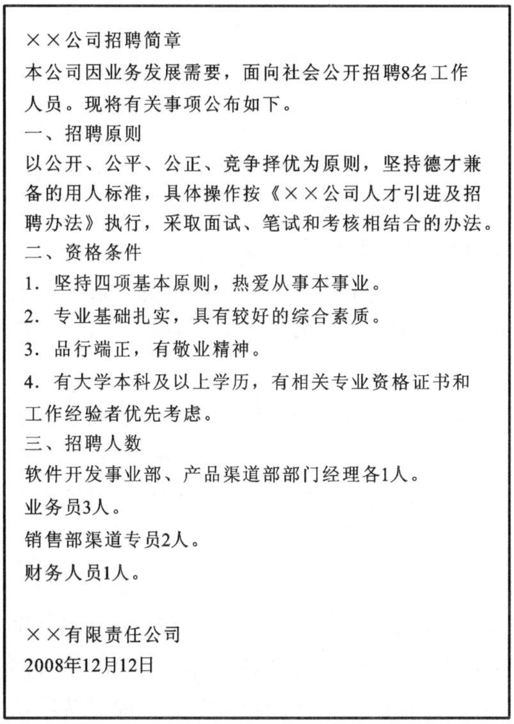

××公司招聘简章
本公司因业务发展需要，面向社会公开招聘8名工作人员。现将有关事项公布如下。
一、招聘原则
以公开、公平、公正、竞争择优为原则，坚持德才兼备的用人标准，具体操作按《××公司人才引进及招聘办法》执行，采取面试、笔试和考核相结合的办法。
二、资格条件
1．坚持四项基本原则，热爱从事本事业。
2．专业基础扎实，具有较好的综合素质。
3．品行端正，有敬业精神。
4．有大学本科及以上学历，有相关专业资格证书和工作经验者优先考虑。
三、招聘人数
软件开发事业部、产品渠道部部门经理各1人。
业务员3人。
销售部渠道专员2人。
财务人员1人。

××有限责任公司
2008年12月12日

图 6-1 输入文本

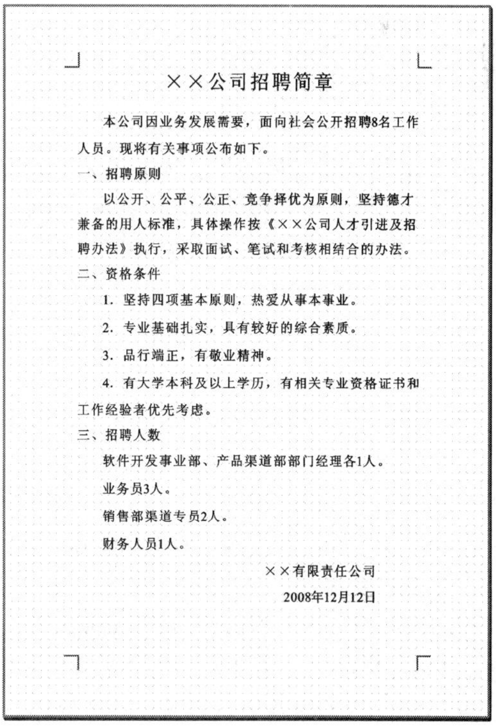

××公司招聘简章

本公司因业务发展需要，面向社会公开招聘8名工作人员。现将有关事项公布如下。
一、招聘原则
以公开、公平、公正、竞争择优为原则，坚持德才兼备的用人标准，具体操作按《××公司人才引进及招聘办法》执行，采取面试、笔试和考核相结合的办法。
二、资格条件
1．坚持四项基本原则，热爱从事本事业。
2．专业基础扎实，具有较好的综合素质。
3．品行端正，有敬业精神。
4．有大学本科及以上学历，有相关专业资格证书和工作经验者优先考虑。
三、招聘人数
软件开发事业部、产品渠道部部门经理各1人。
业务员3人。
销售部渠道专员2人。
财务人员1人。
××有限责任公司
2008年12月12日

图 6-2 效果图

1. 新建文档

打开 Word 2007，选择"文件"→"新建"命令，在右侧的"新建文档"窗格中选择"新建"选项下面的"空白文档"，一个空白文档就建立了，如图 6-3 所示，输入文本内容，如图 6-1 所示。

图 6-3　新建空白文档

2. 编辑文档

（1）设置标题格式。选中标题文字，在开始选项卡的"字体"选项组的字体下拉列表框中选择"黑体"，在字号下拉列表框中设置字号大小为"二号"，单击"段落"选项组中的"居中对齐"按钮，使标题居中，如图 6-4 所示。

××公司招聘简章

图 6-4　设置标题格式

（2）设置正文字体格式。选中正文文字，在开始选项卡的"字体"选项组的字体下拉列表框中选择"仿宋"，在字号下拉列表框中设置字号为"三号"。分别选中"一、招聘原则"、"二、资格条件"和"三、招聘专业及人数"三段，设置字体格式为"黑体"。

（3）设置正文段落格式。选中除 3 段黑体文字外的正文文字，在开始选项卡的"段落"选项组中单击　，弹出"段落"对话框，选择"缩进"的"特殊格式"下拉列表框，选择"首行缩进"，磅值为"2 字符"，效果如图 6-5 所示。

（4）设置落款格式。选中落款文字，在开始选项卡的"字体"选项组的字体下拉列表框中选择"仿宋"，在字号下拉列表框中设置字号为"三号"。在开始选项卡的"段落"选项组中单击　，弹出"段落"对话框，选择"缩进"的"特殊格式"下拉列表框，选择"首行缩进"，磅值为"14字符"，单击"确定"按钮，效果如图 6-6 所示。

3. 保存文档

选择"文件"→"保存"命令（或单击工具栏的"保存"按钮　，也可以按"Ctrl+S"组合键），弹出"另存为"对话框，在"保存位置"下拉列表框中选择文档的保存位置，在"文件名"文本框中输入文档要保存的名称，在"保存类型"下拉列表框中选择保存类型（一般保持默认选项不变），单击"保存"按钮，完成文件的保存操作，如图 6-7 所示。

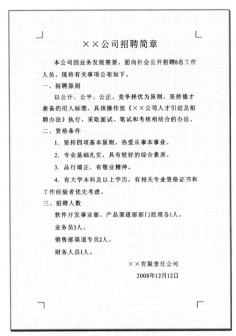

图 6-5　设置正文格式

图 6-6　设置落款格式

图 6-7　"另存为"对话框

4．查找与替换

在"开始"选项卡中的"编辑"选项组中单击"查找"命令，弹出"查找和替换"对话框，在默认打开的"查找"选项卡的"查找内容"下拉列表框中输入"产品渠道部"5 个字，如图 6-8 所示，单击"查找下一处"按钮，查到后，单击"替换"选项卡，文本框中输入"产品销售部渠道"7 个字，如图 6-9 所示，单击"替换"按钮，文本替换成功。若单击"全部替换"按钮可将文档中所有符合条件的文本替换掉。

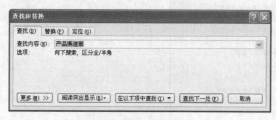

图 6-8　查找文本

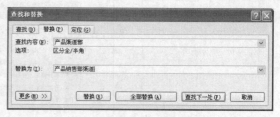

图 6-9　替换文本

5. 打印

单击"Office"按钮→"打印"命令，弹出"打印"对话框，如图 6-10 所示，在"打印"对话框中选择正确的打印机名称，然后选择打印范围，设置好打印参数，将打印纸放好，单击"确定"按钮，就开始打印了。

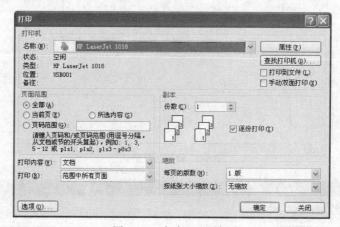

图 6-10　"打印"对话框

操作练习题

1. 新建一空白文档，然后快速输入一段文字，最后保存为"我的 Word 文档.docx"。

2. 将文档中的中文标点"，"查找替换成英文的标点"."。

3. 将这段输入的文字设置为"仿宋体，三号"，首行缩进二个字符，行距设置为双倍行距。

4. 在末尾新增两行，分别为自己的姓名和当天的日期，并设置为左缩进"20 字符"，右缩进"4 字符"，对齐方式为"分散对齐"。

5. 为这段文字加上标题"Word 实验第一课"，并设置为"黑体，二号，加粗"，对齐方式为"居中对齐"。

6. 按正规书信格式编辑并排版一份给老师或家长的信，保存名为"给老师或家长的信.docx"，再打印在一张 A4 的纸上寄出。

实验七
用 Word 2007 制作封面

实验目的

1. 掌握边框的使用方法。
2. 掌握填充纹理的方法。
3. 掌握插入艺术字的方法。
4. 掌握插入图片的方法。
5. 掌握文本框的使用方法。

实验内容

案例: 用 Word 2007 制作大学毕业生个人简历的封面,效果如图 7-1 所示。

1. 页面设置

新建一个 Word 文档,单击"页面布局"选项卡,在"页面设置"选项组中单击 ,弹出"页面设置"对话框,单击"纸张"选项,将纸张大小设置为 A4 页面,如图 7-2 所示。

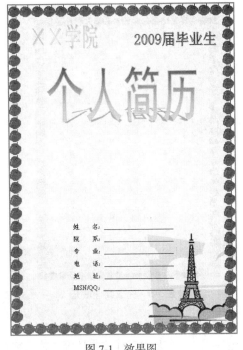

图 7-1　效果图

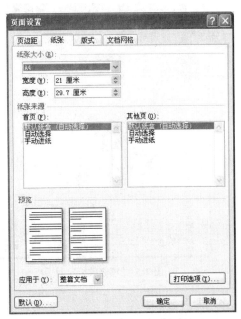

图 7-2　"页面设置"对话框

2. 设置边框和底纹

单击"页面布局"选项卡，在"页面背景"选项组中单击"页面边框"，弹出"边框和底纹"对话框，在"页面边框"选项卡中选择一种艺术边框，如图 7-3 所示，单击"选项"按钮，将所有的边距设置为 0，设置完毕之后，页面的四周就加上了边框，如图 7-4 所示。

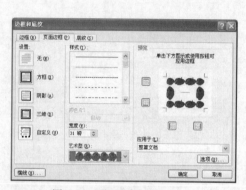

图 7-3 "页面边框"选项卡

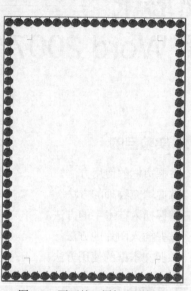

图 7-4 页面的四周加上边框

3. 设置页面颜色

单击"页面布局"选项卡，在"页面背景"选项组中单击"页面颜色"，在弹出的下拉菜单下选择"填充效果"，打开"填充效果"对话框，如图 7-5 所示，在"纹理"选项卡中选择粉色面巾纸效果，单击"确定"按钮，完成纹理的填充，如图 7-6 所示。

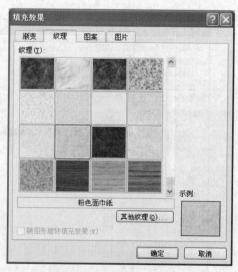

图 7-5 "填充效果"对话框

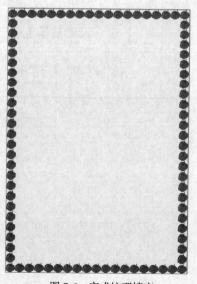

图 7-6 完成纹理填充

4. 插入艺术字

单击"插入"选项卡，在"文本"选项组中单击"艺术字"，在艺术字样式中选择"艺术字样式 21"，在弹出的编辑艺术字对话框中设置：{字体：黑体；字号：72 磅；文本：个人简历}后确定。插入一个艺术字，如图 7-7 所示。选择插入的艺术字，再单击"格式"选项卡，在"艺术字样式"选项组中单击"更改形状"，将跟随路径改成"━"，如图 7-8 所示。

图 7-7　设置叠放次序

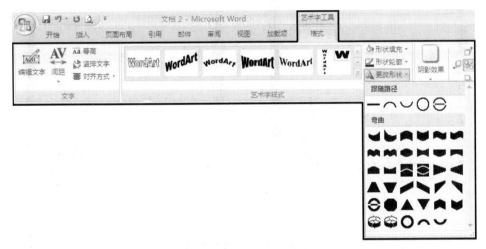

图 7-8　"页面设置"对话框

提示　在插入艺术字之后，还可以重新调整它的内容、大小、字体及艺术字的形状。在调整艺术字位置的时候，要先在"版式"设置中将"环绕方式"设置为"紧密型"，如图 7-9 所示。

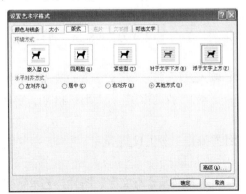

图 7-9　将"环绕方式"设置为紧密型

5. 为封面插入图片

单击"插入"选项卡，在"插图"选项组中单击"剪贴画"，在右边栏的"搜索文字"中输入"铁塔"后单击"搜索"按钮，即可显示联网的图片搜索结果，单击找到的"铁塔"图片插入到文档中。再将"环绕方式"设置为"紧密型"，调整好它们的大小和位置，如图 7-10 所示。

6. 为封面输入文字——插入文本框

插入一个文本框，再输入文字，设置好字体、大小和颜色，将"填充颜色"和"线条颜色"设置成"无"。设置完毕后的效果如图 7-11 所示。这样一个封面就制作完成了。

图 7-10　插入图片

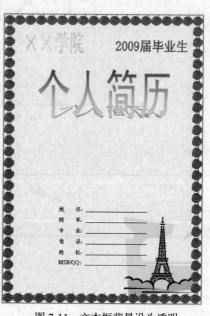

图 7-11　文本框背景设为透明

操作练习题

1. 新建一个 Word 文档，在页面设置中将纸张大小设为"A4"，页边距设为：{左、右：2.6mm；上、下：2.8mm}，纸张方向设为"纵向"。

2. 插入一张图片，将图片的高度设置为：4.8cm，将环绕方式设为：浮于文字上方，把它放到页面中间。

3. 插入一个文本框，输入二段文字，将文字方向改成"竖排"，去掉文本框的边框。

4. 插入一个艺术字，文本："我的祖国"，大小：48 磅，字体：宋体，版式：浮于文字上方，位置：页面居中。

5. 综合测试题，设计并制作一份生日贺卡。

要求：

① 内容健康，积极向上，且必须含有文字、图片、艺术字和文本框。

② 排版精美，富有艺术性。

实验八
用 Word 2007 制作简历

实验目的

1. 掌握制作不规则表格的方法。
2. 掌握插入表格、插入边框和设置底纹的方法。
3. 掌握合并和拆分单元格的方法。

实验内容

案例：用 Word 2007 表格功能制作一份个人简历，效果如图 8-1 所示。

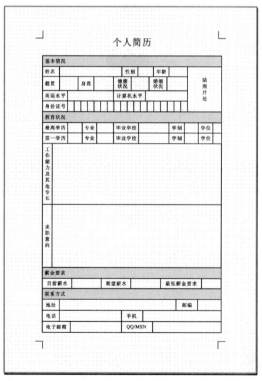

图 8-1　效果图

1. 新建文档

打开 Word 2007，系统自动新建一个空白页面，或者单击"Office 按钮"，在弹出的菜单中选择"新建"命令，再在弹出的新建对话框中选择"空白文档"，出现一个空白页面，如图 8-2 所示。

图 8-2 新建的空白页

2. 插入空白表格

单击"插入"选项卡，在"表格"选项组单击"表格"，在弹出的菜单中，选择"插入表格"，在弹出的对话框中行设为 16，列设为 4，如图 8-3 所示，空白页面上出现一个 16 行 4 列的规则表格，如图 8-4 所示。

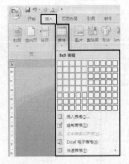

图 8-3 单击"插入表格"按钮

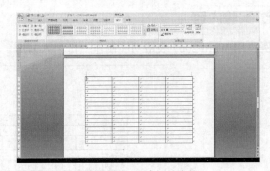

图 8-4 新建好的表格

3. 合并单元格

选中要合并的单元格，再单击"表格工具"下的"布局"选项卡，然后单击"合并"选项组中的"合并单元格"，将规则表格中列数多余的列进行合并，如图 8-5 所示。

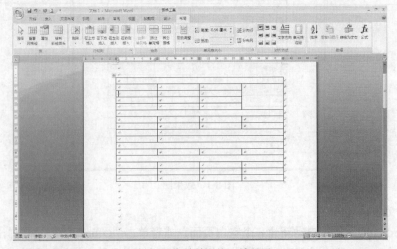

图 8-5 "合并单元格"效果图

4. 增加每行中不够的列——拆分单元格

从第 2 行开始，将列数不够的行进行拆分，将具体拆分的列数如下。

第 2 行：将前 3 个单元格共拆分成 6 列　　第 3 行：将前 3 个单元格共拆分成 8 列

第 4 行：将前 3 个单元格共拆分成 4 列　　第 5 行：将第 2、第 3 列共拆分成 18 列

第 6 行：不拆分　　第 7 行：将整行拆分成 10 列

第 8 行：将整行拆分成 10 列　　第 9～11 行：不拆分

第 12 行：将整行拆分成 6 列　　第 13～16 行：不拆分

选中要拆分的单元格，再单击"表格工具"下的"布局"选项卡，然后单击"合并"选项组中的"拆分单元格"，按上面的要求拆分到相应的列数。拆分后的效果如图 8-6 所示。

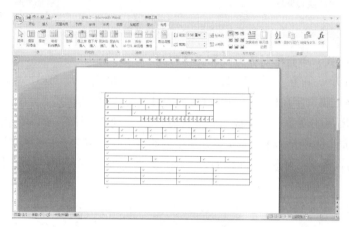

图 8-6　"拆分单元格"效果图

5. 文字录入

在简历上输入文字，如图 8-7 所示。

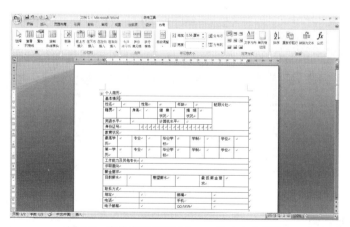

图 8-7　表格中的文字录入——输入个人信息

6. 设置字体

选择"个人简历"，文字格式设为"宋体、三号"，再选择整张表格，文字格式设为"宋体、小四号"，最后同时选择"基本情况"、"教育状况"、"薪金要求"和"联系方式"4 个单元格，选择文字的字型为"加粗"，如图 8-8 所示。

图 8-8　文字格式设置

7. 设置段落格式、单元格对齐方式和文字方向

选择"个人简历"，再在"段落"选项组中将文字对齐格式设为"居中对齐"。

选择整张表格，将文字在单元格中的对齐方式设置为"水平居中"。

再分别选择"贴照片处"、"工作能力及其他专长"和"求职意向"所在的单元格，再选择"表格工具"中的"布局"选项卡，将文字在单元格中的对齐方式设置为"水平居中"，再单击一下"文字方向"将文字方向改为"竖排"。同样的方法将"籍贯"和"身高"所在单元格的对齐方式也设为"水平居中"。

最后同时选择"基本情况"、"教育状况"、"薪金要求"和"联系方式"4 个单元格，将单元格的底纹设置为："主题颜色→白色，背景 1，深度 15%"，如图 8-9 所示。再分别将文字在单元格中的对齐方式设置为"中部两端对齐"。

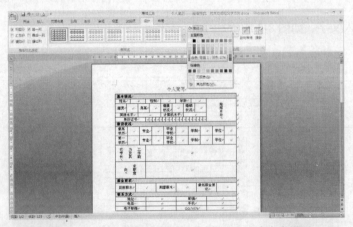

图 8-9　文字段落格式、单元格对齐方式和文字方向设置

8. 调整行高与列宽

调整行高和列宽是本实验中最烦琐的一个环节，调整时应按照美观大方的原则，逐一进行调整，见图 8-10。

技巧：每一行中的各列在设置时，直接用鼠标来调整行宽时，会影响到其他行的列宽，造成设置不成功。解决的方法是：先选中该行，再用鼠标调整本行中的列宽将不会影响其他行的列宽。

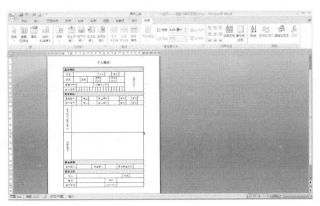

图 8-10　调整行高和列宽

　　调整行高与列宽前先设置好字体的格式，也可以边设置边调整。像设置"身份证号"的列宽时，要学会使用"分布列"工具，可以快速让每个单元格的宽度保持一致，让表格更加美观。在设置行高时，同样为了让表格美观，手动设置行高后，可以使用"分布行"工具使每行的高度一致。

9. 优化调整

我们进行一系列操作后，还需对表格的一些细节进行调整，以达到最美观的效果。

思　考　题

1. 新建一个空白文档，插入一张 9 行 9 列的规则表格，制作本班班级的花名册。

2. 对上表中的文字进行格式化，表中的内容设为宋体 5 号字，列标题设为黑体 4 号字，对齐方式为居中对齐。

3. 对第 2 题中的表格设置边框和底纹。边框设为"黑色，实线，1 磅"。中间为"黑色，虚线，0.5 磅"。

4. 在第 3 题中表格的末尾新增一行，只有两列，第一列内容为"人数:"，其他的列合并成第二列，并输入表格公式=_____，求出所有人数。

5. 自己设计并制作一份求职简历。

要求：设计合理，内容完整，能全面描述自己的实际情况。

实验九
用 Word 2007 制作简报

⬛ 实验目的

1. 利用图文混排的功能制作简报。
2. 掌握格式设置的方法。
3. 掌握文字块分割的方法。
4. 掌握搜索剪辑的方法。
5. 掌握中文版式的应用方法。

⬛ 实验内容

案例: 用 Word 2007 制作一份简报,效果如图 9-1 所示。

图 9-1　效果图

1. 稿件的筹集和选取

要制作简报,先要有一定数量的稿件素材,然后从题材、内容、文体等方面考虑,从中挑选有代表性的稿件,进行修改,控制稿件字数和稿件风格。有稿件后,就可以设计版面。先要确定纸张的大小,然后在纸面上留出标题文字和图形的空间,再把剩余空间分割给各个稿件,并且对每个稿件的标题和题图的大概位置都要做到心中有数。同时,还要注意布局的整体协调性和美观性。

简报的版面一般都比较复杂，仅通过分栏、图文混排等操作是不能完成的。一般情况下，可以用下面的方法来分割文字块。

（1）用文本框。在"插入"选项卡菜单栏上，选择"文本"选项组中的"文本框"选项，在内置菜单下选择"简单文本框"，会出现一个文本框。我们可以调节文本框的大小和位置，也可以设置文本框的背景和边框的颜色。通常一篇稿件用一个文本框；如果同一稿件有分栏情况，也可以用两个或两个以上的文本框。如果要竖排文字，就用竖排文本框。

（2）用表格。在"插入"选项卡菜单栏上，选择"表格"选取项组中的"表格工具"选项，如图 9-2 所示。单击菜单中的"绘制表格"，就可以在文档中绘制表格线。再单击"绘制表格"按钮，退出绘制表格状态。单击"擦除"按钮，可以直接在表格中擦除表格线。画好表格框线后，就可以在各个单元格内输入文字，或在适当位置摆放插图。

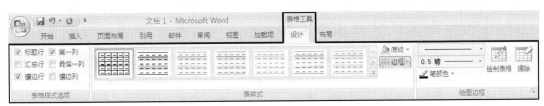

图 9-2　"表格工具"工具栏

2．文本的输入

整体框架建立好后，就可以在相应的位置输入稿件的内容。如果预留的空间太小，放不下稿件的所有内容，则可以适当调整一下预留空间的大小，也可以对稿件进行适当的压缩。

3．格式的设置

在正文都输入进去之后，可以对标题文字和正文的字体、字号和颜色等进行设置。有些标题文字可以考虑用艺术字，正文也可以用竖排版，如图 9-3 所示。然后在适当的位置插入图形，并进行相应的处理（如水印效果等）。也可以利用绘图工具绘制图形，要在调节图形的大小和比例的同时，设置好环绕方式和叠放次序。

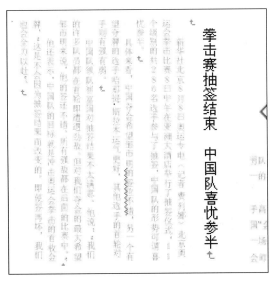

图 9-3　设置文字格式为竖排

利用"字体"和"段落中文版式"可以增加简报的艺术效果，下面应用中文版式的一些功能，来设置文字的标题。

（1）选取"男兵三虎进四"小标题中的第一个字，然后选择"开始"→"字体"→"带圈字符"命令，如图9-4所示。

弹出"带圈字符"对话框，在"样式"选项区内单击"增大圈号"选项，在"圈号"列表中选择菱形，如图9-5所示。单击"确定"按钮，标题的第一个字就外带一个菱形框，如图9-6所示。

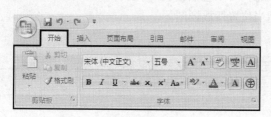

图9-4　选择"带圈字符"命令

图9-5　"圈号"列表中选择菱形

现在这个菱形刚好套在"男"字上，如果位置不对，还可以使用下面的方法对它进行调整。

（2）选中这个字符，单击鼠标右键，选择"切换域代码"命令。这时字符便变为域代码形式"eq\o\ac（◇，男）"，如图9-7所示。

图9-6　选择"带圈字符"命令后的效果

图9-7　域代码形式

接着选中菱形块，再单击"格式"工具栏上的"加粗"按钮，边框随即变粗。

（3）选择"开始"，在"字体"选项组中单击图打开"字体"对话框，选择"字符间距"选项卡，你会发现"位置"下拉列表框中已选择了"降低"项，且在右侧的"磅值"框中自动生成了相应的值（如标题为三号字时，值为"6磅"），如图9-8所示。你可以根据需要输入新值，单击"确定"按钮，再右击，选择"切换域代码"命令，这时菱形框的位置就发生的变化。利用此方法可以很快地将标题设置成"带圈字符"的形式，并且可以在"字体"对话框中调节字符间距，使字与字之间排列得疏落有致。

我们还可以利用"字体"选项组中的"拼音指南"命令，给标题文字加上拼音，也可以使用"段落"选项组中的"中文版式"→"双行合一"等命令，使文字排列形式更加丰富。

4. 搜索图片

作为一份比较好的简报，不但要有优秀的稿件，合理的布置，同时也要有合适的图片。一般说来，简报所配的题图要为表现主题服务，因而图片内容要和主题相贴近或相关。

选择"插入"→"插图"→"剪贴画"命令，弹出"插入剪贴画"对话框。在"搜索文字"文本框内输入想要查找的主题（比如"安全"），然后按"回车"键，就找到和主题有关的剪贴画。单击滚动条进行浏览，选中图片并插入。关闭"插入剪贴画"对话框后，还可以对图片进行位置和大小的调整，也可以进行效果处理。如果输入这一主题没有查到满意的图片，用户还可以换个主题继续查找，比如"火"、"消防"或"防火"等。

5. 简报的整体调整

在文字和图形都排好后，简报基本结束。检查一下文字正误，图形是否与文字相照应，重点文字是否突出等。最后感觉一下整体布局的合理性和颜色的平衡性，一份漂亮的简报便完成了。

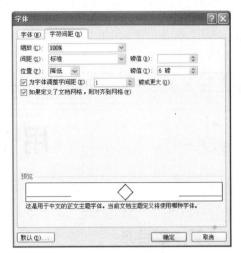

图 9-8　"字符间距"选项卡

操作练习题

1. 制作一张幼儿拼音识字图卡，如下图所示。

2. 综合操作题，设计并制作一份带有插图的班级小报。

要求：

（1）利用表格进行定位；

（2）小报内容中必须含有文字、插图、剪贴画、特殊字符。

实验十
用 Word 2007 制作试卷

实验目的

1. 学会编辑公式。
2. 掌握模板的设置和使用。
3. 掌握分栏的设置。
4. 掌握制表位的设置。
5. 掌握插入符号的方法。
6. 掌握插入数学公式的方法。
7. 掌握试卷的打印方法。

实验内容

案例：用 Word 2007 制作一份试卷，效果如图 10-1 所示。

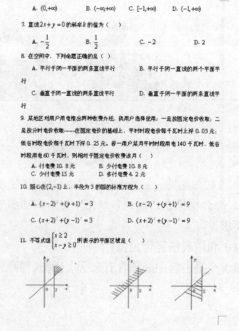

图 10-1　效果图

1. 页面设置

在创建试卷时，首先要进行页面设置。问卷一般用的都是 8 开纸，并且是横向的。在空文档中选择"页面布局"选项卡，单击"页面设置"选项组上的 ▣，在弹出的对话框中选择"纸张"选项卡，在纸张大小列表框旁的下拉按钮上单击，选择"自定义大小"，并设置高度为 26 厘米，宽度为 36.8 厘米，设置纸的方向为"横向"，如图 10-2 所示。

单击"页边距"选项卡，对上、下、左、右页边距作相应的调整，比如可将上、下边距设置为 2 厘米。设置完毕后单击"确定"按钮，页面设置完成，如图 10-3 所示。

图 10-2 "纸张"选项卡

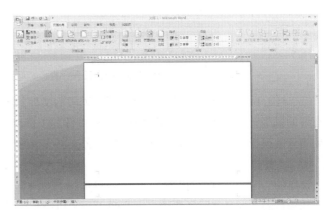

图 10-3 页面设置完成

2. 模板的设置和使用

如果用户经常制作试卷，可以将一份典型的试卷存为一个模板文件，这样以后就可以利用模板迅速制作一份试卷。创建试卷模板的方法如下。

（1）找到一份典型的试卷，保留编排好的版式和格式，去掉不通用的内容（去掉之后文件命名为"试卷模板.dotx"），然后选择"Office 按钮"→"另存为"命令，在弹出的对话框中选择保存类型为"Word 模板"，如图 10-4 所示，然后设定模板文件的名字，并确定保存位置。最后单击"保存"按钮，模板文件就被保存好了。

图 10-4 保存模板文件

提示

为了方便下次使用模板，请把模板文件尽量存放在"C:\Documents and Settings\Administrator\Application Data\Microsoft\Templates"文件夹下。

（2）制作一份试卷时，选择"Office 按钮"→"新建"命令，在"模板"中选择"我的模板"，如图 10-5 所示。在弹出的对话框中选择"试卷模板.dotx"，并单击"确定"按钮即可。在新文档中，页面、标题位置、样式和分栏形式等都已设置好，可以直接在上面加入新试卷的内容，一份试卷就这样很快地被建好了。

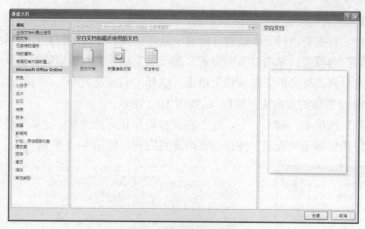

图 10-5　根据已保存模板文件新建文档

（3）建好的试卷要及时保存，因为采用模板的文件并不会将这些信息自动保存下来。如果别人有好的模板，用户也可以借用过来。模板文件的扩展名是".dotx"，用户可以在别人的机器上找到满意的模板文件，然后拷贝到自己的机器上并保存在模板的目录中。

3．设置分栏

试卷的一个特点就是有分栏，也就是将页面上的内容分成左右两部分。一般可将分栏的位置设在标题行的下面。这时先要插入一个分节符，以防止标题文字也被分栏。

（1）将光标定位在要插入分节符的位置，然后点击"页面布局"下的"页面设置"选项组中的"分隔符"按钮，在分隔符下拉列表框中选择"连续"，如图 10-6 所示，一个分节符就插入完成了。

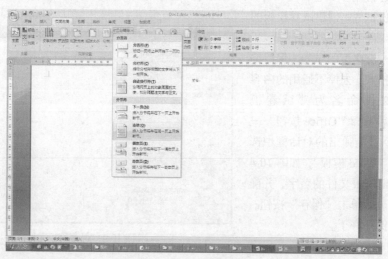

图 10-6　插入"连续分隔符"

（2）选定分节符后要分栏的内容，然后单击"页面布局"下的"页面设置"选项组中的"分栏"按钮，在分栏下拉列表框中选择"更多"。在弹出的对话框中设置栏数为"两栏"，栏间距设为"6 字符"，并把应用范围设为"本节"，如图 10-7 所示。可以在两栏间加一条分隔线，最后单击"确定"按钮，分栏就设置好了。

4．设置制表位

可以看到，在试卷的选择题中每个题的答案题号都排列得很整齐。这里的对齐方法不是用空格（因为用空格往往不能使之完全对齐），而是用制表位功能来实现对齐的。

（1）在"开始"选项卡的"段落"选项组中单击"⊹"。或在"自定义快速访问工具栏"中单击"其他命令"，然后在弹出的"Word 选项"对话框中单击"显示"，再在右面的"始终在屏幕上显示这些格式标记"下选中"制表符"前面的复选框，如图 10-8 所示。单击"确定"按钮，可以清楚地看到一个向右的灰色箭头，这就是制表位符号。

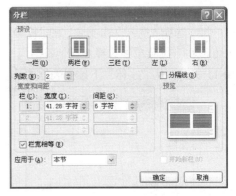

图 10-7　设置分栏

（2）利用标尺来设置制表位，但系统默认是隐藏标尺。选择"视图"选项卡，在"显示/隐藏"选项组的复选按钮中钩选"标尺"，在工作区的上方就会显示出标尺。在标尺上需要对齐的位置上单击，标尺就设置了制表位。输入"A."，然后按一下 Tab 键，光标就与刚才所设的制表位对齐了，再输入"B."，按下回车键，接着在下一行中输入"C."，再按一下 Tab 键，输入"D."。

（3）用鼠标拖动标尺上的制表符，便可以调整制表符的位置；按下 Alt 键，再拖动标尺上的制表符，可以精确地设置制表符的位置。如果用鼠标将标尺上的制表符拖至标尺以外，就删除了制表位。

（4）还可以利用对话框来设置制表位。选择"页面布局"选项卡中的"段落"选项组中的"⊡"，在弹出的"段落"对话框中单击"制表位…"按钮，如图 10-9 所示。弹出的"制表位"对话框，在这里按照如图 10-10 所示进行制表位的设置，另外还可以进行对齐方式和前导符的设置等。

图 10-8　"选项"对话框

图 10-9　"段落"对话框

也可以通过双击标尺上制表位的位置弹出制表位对话框，进行制表位的设置。

5. 插入符号

在这份试卷可以看到一些特殊符号，如 α、β、μ、η 等。这些符号的输入方法如下。

（1）将光标停留在插入点位置。

（2）选择"插入"选项卡，在"符号"选项组中单击"符号"，可以进行一些常用符号的输入，也可以在下拉菜单中选择"其他符号"，在弹出的"符号"对话框中选择"符号"选项卡，如图 10-11 所示。从"字体"下拉列表框中选择合适的字体，找到要插入的特殊字符。

图 10-10 "制表位"对话框   图 10-11 "符号"选项卡

（3）单击"插入"按钮，再单击"关闭"按钮，完成插入任务并返回编辑窗口。

（4）还可以输入其他符号。按第（2）～（3）步的方法，如图 10-11 所示，在弹出的对话框中提供了多种特殊符号，用户可以根据自己的需要进行选择，也可以将其中较常用的符号加入到符号工具栏中。

6. 插入数学公式

Word 2007 和 Word 2003 相比，公式编辑器有了很大的改进，界面更友好。

试卷上有很多数学公式是通过公式编辑器来完成的，用它可以很方便地编辑各种公式。

下面以输入公式

$$M_i = \sum_{k=1}^{n} \alpha_{ik} \times \sqrt[3]{f(x)}$$

为例，介绍插入和编辑公式的全过程。

（1）在 Word 文档中选择"插入"选项卡，单击"符号"选项组中的"公式"，在下拉列表框中选择"插入新公式"，如图 10-12 所示。在工作区的光标位置显示"在此处输入公式"，并出现公式的"上下文工具"，如图 10-13 所示。

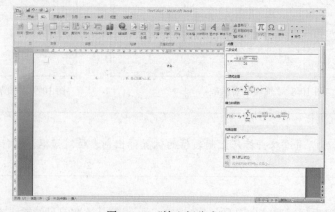

图 10-12 "输入新公式"

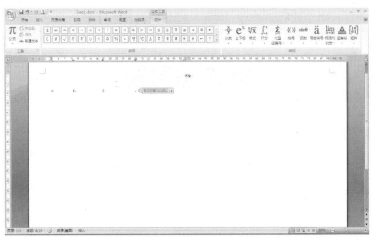

图 10-13　公式的"上下文工具"——"设计"选项卡

（2）处于选中状态的"在此处输入公式"下拉组合列表框为输入框，可以在其中输入公式。输入时输入框随着输入公式长短而发生变化，而整个数学表达式都被限定在公式编辑框中。公式窗口浮动在文本中，其中囊括了几乎所有的数学符号，例如，关系符号、运算符号、修饰符号、逻辑符号、各种集合符号以及希腊字母等。

（3）选择 c_b^a 下的 ，在左边的大输入框中输入"M"，然后在右侧的下标框中输入"i"。用单击公式右侧结束处，将光标定位到公式右侧位置（也可以直接按向右的方向键），然后输入"="。

（4）选择 下的 ，然后将光标置于相应的位置上，即在上面的输入框中输入"n"，在下面的输入框中输入"k=1"，接着将光标移到右侧输入框，单击"符号"选项组上的" "。弹出"其他符号"栏，如图 10-14 所示。再在" α "上单击一下，"其他符号"栏就自动关闭。然后再按前面的方法输入下标"ik"，并单击"数字符号"按钮，从中选取乘号。

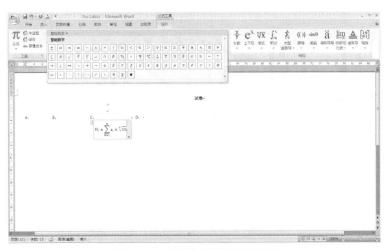

图 10-14　公式的"其他符号"栏

（5）然后选择" "，将光标置于根号内的输入框输入"f（x）"，单击公式编辑器外的任意位置，就退出了公式编辑环境，并返回到 Word 2007 中。

7．打印试卷

单击"Office"按钮，选择 "打印"命令，在"打印"对话框中选择正确的打印机类型，选择打印范围，设置好打印参数后，单击"确定"按钮，就开始打印了。

操作练习题

1. 插一个数学公式如下。

$$y = \int_L^1 \sqrt[2]{x^2}\,\mathrm{d}x \pm \lim_{n \to \infty} \frac{\sin(\pi \pm n\theta)}{n}$$

2. 插入下列特殊符号。

♀ ⑩ ж â ‰ ē

3. 利用制表位制作如下目录。

第一章　计算机基础知识 …………………………………………………………… 1
1.1　计算机的发展与应用 ………………………………………………………… 1
1.2　计算机中数据的表示及编码 ……………………………………………… 13
1.3　计算机系统的组成工作原理 ……………………………………………… 22
第二章　Windows XP 操作系统 ………………………………………………… 35
2.1　操作系统概述 ………………………………………………………………… 35
2.2　DOS 操作系统 ……………………………………………………………… 68
2.3　Windows XP 基本操作 …………………………………………………… 75
第三章　计算机网络 ……………………………………………………………… 110
3.1　网络基础知识 ……………………………………………………………… 120
3.2　数据通信基础 ……………………………………………………………… 130

4. 制作一个红头文件如下，创建成一个模板，根据模板创建一个新文档。

湖北科技学院文件

咸字[第　　号]

5. 设置分栏，平均分 3 栏，栏间距为 4 厘米。

6. 综合测试题：找一份"高等数学"的考试试卷，按本实验的方法进行排版。

实验十一
Excel 2007 的工作表的基本操作及其格式化

实验目的

1. 工作簿文件的建立、打开、保存的操作方法。
2. 工作表的编辑方法。
3. 工作表中的区域选定方法。
4. 工作簿的管理方法以及多个工作表之间的操作。

实验内容

用 Excel 2007 制作的工作表，效果如图 11-1 所示。

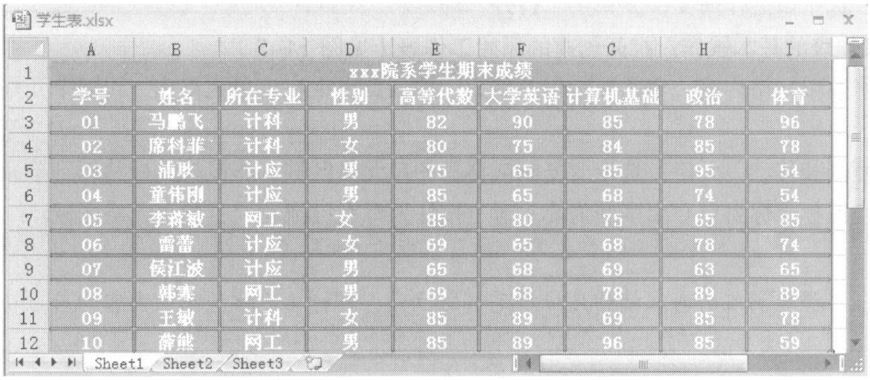

图 11-1　效果图

1. 新建工作簿文件

（1）每次启动 Excel 2007，系统都会自动建立一个新的工作簿，并且命名为 book1。

（2）需要新建一个新的工作簿，单击"新建"按钮□；如果是要创建一个空白的新工作簿，就选择"空工作簿"选项，如果需要新建一个基于模板的工作簿，选择"已安装的模板"或"Microsoft Office Online"选项，如图 11-2 所示，然后根据自己的需求选择。

2. 工作簿文件的保存和打开

如果要保存一个工作簿，直接单击"保存"□按钮，这时会出现"另存为"对话框，在该对话框的保存位置中选择我们所要存放文件的具体位置，在文件名中输入我们要保存的文件的名字，单击保存即可。

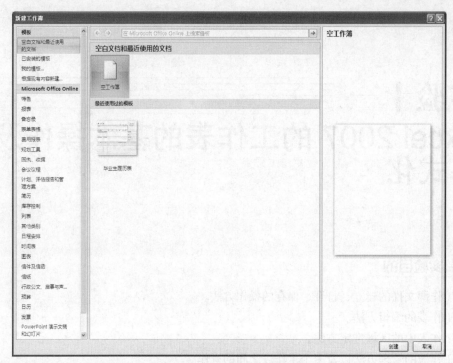

图 11-2 "新建工作簿"对话框

如果要打开一个已经保存好的工作簿文件，直接单击"打开" 按钮，这时出现"打开"对话框，在该对话框的查找范围中选择我们存放工作簿文件的具体位置，然后找到我们要打开的工作簿文件，选中该工作簿文件，单击"打开"即可。

3．工作表的基本操作：打开创建的原始工作表（见图 11-3）

（1）修改单元格内容：双击要编辑的单元，插入点出现在该单元格内，再对单元格中的内容进行修改。

（2）复制和移动单元格：选定要复制或移动的单元格区域，将鼠标光标移动到单元格的区域边框上，当鼠标光标由空心十字变为箭头时，按住鼠标左键拖动到目的单元格区域。

将要插入的内容插到目标单元格的位置，目标单元格原来的内容向后移动。

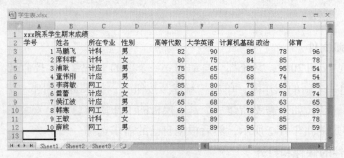

图 11-3 创建的原始工作表

4．工作表的格式化

（1）设置数字格式：选中"学号"列，单击鼠标右键，在快捷菜单中选择"设置单元格格式"

选项，或者直接从工具栏中选择"格式"按钮，再从中选择"数字"选项卡，然后选择"分类"列表框中的"自定义"，在"类型"文本框中输入"0＃"（此处假设学号总共 2 位），来表示学号的首位为 0，后面跟 1 个数字，如图 11-4 所示。单击"确定"按钮之后，学号栏中的学号就会变成两位数字了。

> **提示**　　假设要输入数字"0821003012"，则在单元格中先输入单引号，再输入 0821003012 即可，结果如图：

（2）设置对齐方式：先选中要对齐的数据，然后在图 11-4 所示对话框中选择"对齐"选项卡，在从中设置所需对齐方式即可。例如，如果要把"×××院系学生期末成绩"作为整个表的表头，那么可以先选中该行，然后找到"对齐"选项卡，再设置其"居中"对齐方式，并且还要选中"合并单元格"选项，如图 11-5 所示。

图 11-4　"数字"选项卡

图 11-5　"对齐"选项卡

（3）调整工作表的行高和列宽：将鼠标光标移动到两列单元格的列标之间，当光标变成十字箭头形状时按住鼠标左键拖动，到满意的位置释放左键，列宽调整完毕。用同样的方法调整行高。

（4）设置表格格式：选定整个工作表区域，然后从工具栏中选择"单元格样式"按钮，就能实现对整个工作表格式进行设置。

在上述建立好的工作表中，要求当高等代数高于 80 分时，用红色填充该单元格；对于大学英语列，对于高于 85 分的单元格，用图标显示出来，如图 11-6 所示。

先选中高等代数列全部数据，然后选择"开始"工具栏中的"条件格式"按钮中的"突出显示单元格规则"选项，从该选项中选择"大于"，这时会出现"大于"对话框，根据需要进行设置。如图 11-7 所示。

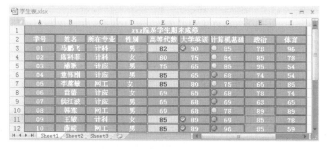

图 11-6　完成后的工作表

图 11-7　"大于"对话框

先选中大学英语列全部数据，选择"开始"—"样式"—"条件格式"—"图标集"，选择三个符号（有圆圈）；选定区域后选择"开始"—"样式"—"条件格式"—"管理规则"，Excel 显示"条件格式规则管理器"对话框，单击"编辑规则"，显示"编辑格式规则"对话框；将第一个图标设为"当值是>=85"，并将类型设置为"数字"，保持其他图标设置不变，单击"确定"按钮，返回"条件格式规则管理器"对话框；单击"新建规则"，选择"只为包含以下内容的单元格设置格式"，在对话框的底部指定"单元格值小于85"，然后单击"确定"返回"条件格式规则管理器"，现在这个区域有了两条规则，对于第一条规则，选中"如果为真则停止"的复选标记，单击"确定"按钮。其最后设置好的对话框如图 11-8 所示。

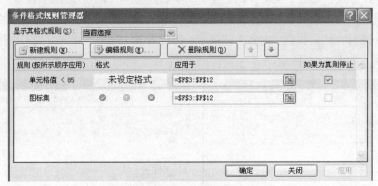

图 11-8 "条件格式规则管理器"对话框

操作练习题

按要求完成表格的设置。

学生成绩表如图 11-9 所示，要求：

（1）建立如图 11-9 所示的成绩表。然后将"李辰"同学的英语成绩改为 86 分，在"张节"前添加"郑凯"同学的成绩记录："郑凯、电子、18、54、68、70"。

	A	B	C	D	E	F	G
1			学生成绩表				
2	学号	姓名	所在系	年龄	数学	英语	计算机
3	072545	李辰	数学	19	96	78	85
4	072546	李丽	英语	20	74	89	75
5	072547	刘柳	数学	18	92	80	85
6	072548	杨柳	计算机	19	85	80	93
7	072549	柳丁	计算机	21	85	81	92
8	072550	张红	英语	20	80	90	85
9	072551	张节	管理	20	75	81	87
10	072552	吴红	管理	18	78	79	81
11	072553	吴为	电子	19	86	79	90
12	072554	陈东	电子	18	85	78	89

图 11-9 学生成绩表

（2）表格格式化。标题文字格式为：黑体、18 号、加粗；给工作表加边框线，外框为粗线，内框为细线；"姓名"所在行添加底纹，底纹"浅绿"；对于不及格的成绩，字体为"红色、加粗倾斜"，单元格底纹为"灰色"。

（3）将文件保存在 D 盘下的"Excel1"文件夹中，文件命名为"Elcjb.xls"。

实验十二
Excel 2007 的公式与函数的使用

实验目的

1. 工作表中公式的输入方法。
2. 熟悉公式的复制、移动和填充。
3. 掌握常用函数的用法。

实验内容

在 Excel 2007 的工作表中进行多种运算，要求效果如图 12-1 所示。

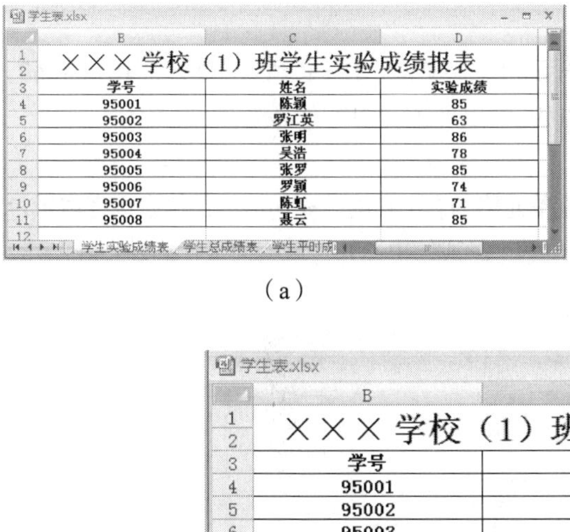

（a）

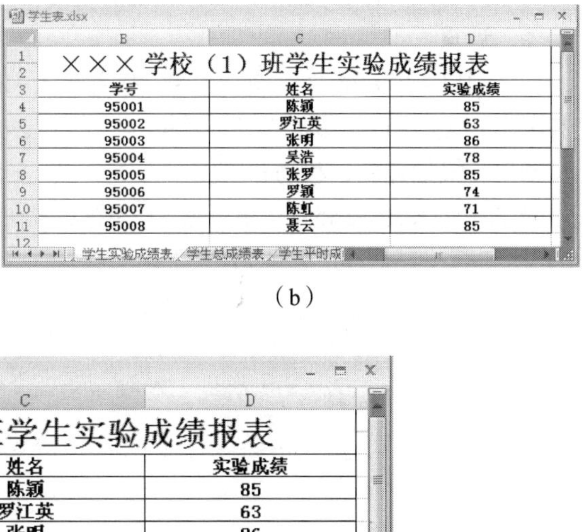

（b）

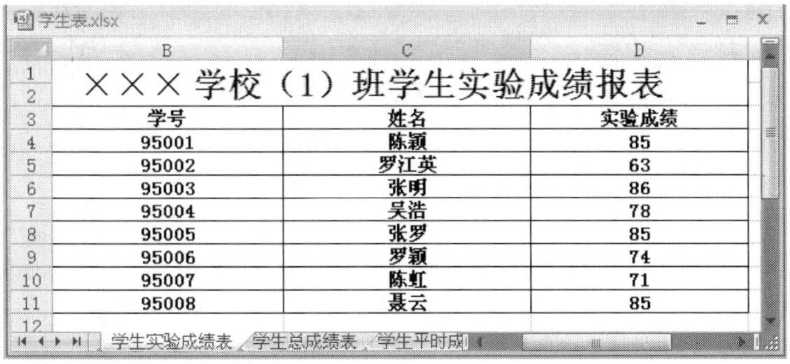

（c）

图 12-1 效果图

1. 工作表中公式的输入

（1）输入公式计算"单科总成绩"：选中要计算的单元格 E4，然后输入"="，再输入"d4*0.7+学生实验成绩表! d4*0.2+学生平时成绩表! d4*0.1"，按回车键即可得到第一个学生的总成绩。

选中要进行计算的单元格，然后选择工具栏上的"自动求和" Σ ▾ 按钮的下拉列表，该列表中已经列出了常用的一些函数，如果还不满足需求，可以选择"其他函数"项；或者选定要进行计算的某个单元格，然后选中"公式"菜单栏的"插入函数"命令，此时会弹出"插入函数"对话框，如图12-2所示。

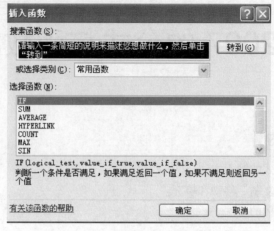

图12-2 "插入函数"对话框

（2）在单元格中显示公式：先选定所要显示公式的单元格或单元格区域，然后单击"公式"菜单下的"显示公式"命令，这样相应的单元格中的公式便会显示出来了。

2. 计算

先选中 F4 单元格，然后输入"="，接着输入"IF（e3>89,"优秀",IF（e3>79,"良好",IF（e3>69,"中等",IF（e3>59,"及格","不及格"))))"后，在 F4 中出现了"中等"等级。

3. 公式的复制、移动和填充

先选中已求出总分的那个单元格，把鼠标放置在该单元格的右下角的填充句柄上，等光标变成黑色的十字形状后，然后按住鼠标左键往下拉，这时就把其他学生的成绩也一并计算出来了，如图12-3所示。

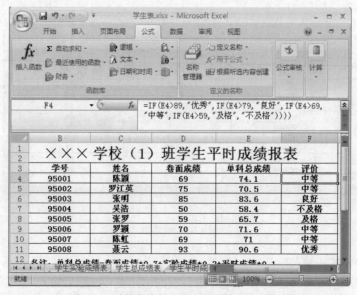

图12-3 计算完毕的"学生总成绩表"工作表

4. 实训练习

在“学生总成绩表”中，要求按照单科总成绩把每个学生的名次依次计算出来。完成后的工作表如图 12-4 所示。

	A	B	C	D	E	F
1		×××学校（1）班学生平时成绩报表				
2						
3		学号	姓名	卷面成绩	单科总成绩	名次
4		95001	陈颖	69	74.1	3
5		95002	罗江英	75	70.5	6
6		95003	张明	85	83.6	2
7		95004	吴浩	50	58.4	8
8		95005	张罗	59	65.7	7
9		95006	罗颖	70	71.6	4
10		95007	陈虹	69	71	5
11		95008	聂云	93	90.6	1
12		备注：单科总成绩=卷面成绩*0.7+实验成绩*0.2+平时成绩*0.1				
13						
14						

学生表 / 学生实验成绩表 / 学生总成绩表 / 学生平时成绩

图 12-4　完成后的工作表

操作步骤：

（1）选中 F4 单元格，在编辑栏中输入公式：“=RANK（e4,e4:e11,0）”，即可得到该名学生的排名结果；

（2）然后把填充柄向下拉到 F11 的位置，那么每个学生的名次都可得到。

操作练习题

学生成绩表如图 12-5 所示，要求运用公式和函数，计算出每个学生的总分、平均分，以及每个学生的成绩等级（高于等于 85 分为优秀，高于 75 分为良好，高于等于 70 分为中等，高于等于 60 分为及格，低于 60 分为不及格）。

	A	B	C	D	E	F	G
1	学生成绩表						
2	学号	姓名	所在系	年龄	数学	英语	计算机
3	072545	李辰	数学	19	96	78	85
4	072546	李丽	英语	20	74	89	75
5	072547	刘柳	数学	18	92	80	85
6	072548	杨柳	计算机	19	85	80	93
7	072549	柳丁	计算机	21	85	81	92
8	072550	张红	英语	20	80	90	85
9	072551	张节	管理	20	75	81	87
10	072552	吴红	管理	18	78	79	81
11	072553	吴为	电子	19	86	79	90
12	072554	陈东	电子	18	85	78	89

图 12-5　学生成绩表

实验十三 Excel 2007 的数据管理

实验目的

1. 熟悉数据排序和筛选的方法。
2. 掌握数据分类汇总的方法。
3. 熟悉创建数据透视表的方法。

实验内容

用 Excel 2007 工作表对数据进行筛选和排序，要求效果如图 13-1 所示。

	A	B	C	D	E	F	G	H	I
1	×××院系学生期末成绩								
2	学号	姓名	所在专业	性别	高等代数	大学英语	计算机基础	政治	体育
3	01	马鹏飞	计科	男	82	90	85	78	96
4	02	席科菲	计科	女	80	75	84	85	78
5	09	王敏	计科	女	85	89	69	85	78
6			**计科 平均值**		82.33333	84.66667	79.333333	82.66667	84
7	03	浦耿	计应	男	75	65	85	95	54
8	04	童伟刚	计应	男	85	65	68	74	54
9	06	雷蕾	计应	女	69	65	68	78	74
10	07	侯江波	计应	男	65	68	69	63	65
11			**计应 平均值**		73.5	65.75	72.5	77.5	61.75
12	05	李蒋敏	网工	女	85	80	75	65	85
13	08	韩寒	网工	男	69	68	78	89	89
14	10	薛熊	网工	男	85	89	96	85	59
15			**网工 平均值**		79.66667	79	83	79.66667	77.66667
16			**总计平均值**		78	75.4	77.7	79.7	73.2

图 13-1 效果图

1. 将学生成绩表中的数据按“姓名”进行升序排列

单击 B3 到 B12 中的任何一个单元格，然后单击工具栏的完成升序排列（对于文本按照字母顺序进行排列），如图 13-2 所示。

	A	B	C	D	E	F	G	H	I
1	×××院系学生期末成绩								
2	学号	姓名	所在专业	性别	高等代数	大学英语	计算机基础	政治	体育
3	08	韩寒	网工	男	69	68	78	89	89
4	07	侯江波	计应	男	65	68	69	63	65
5	06	雷蕾	计应	女	69	65	68	78	74
6	05	李蒋敏	网工	女	85	80	75	65	85
7	01	马鹏飞	计科	男	82	90	85	78	96
8	03	浦耿	计应	男	75	65	85	95	54
9	04	童伟刚	计应	男	85	65	68	74	54
10	09	王敏	计科	女	85	89	69	85	78
11	02	席科菲	计科	女	80	75	84	85	78
12	10	薛熊	网工	男	85	89	96	85	59

图 13-2 按“姓名”升序排序结果

2. 将学生成绩表按"政治"降序排列，政治成绩相同按"体育"成绩降序排列

单击学生成绩表中的任一单元格，选择 "数据"→"排序"命令，在"排序"对话框中，如图 13-3 所示。"主要关键字"选择"政治"和"降序"，然后单击"添加条件"按钮，添加"次要关键字"选项，在"次要关键字"中选择"体育"和"降序"，单击"确定"按钮。排序后结果如图 13-4 所示。

图 13-3　"排序"对话框　　　　　　　　　　　　图 13-4　排序结果

3. 筛选学生成绩表中大学英语成绩在 80～90 分的学生成绩

单击学生成绩表中任一单元格，选择 "数据"→"筛选"命令，则在工作表的每一个列标题右边出现一个下拉筛选箭头。单击"大学英语"右方的筛选箭头，选择"数字筛选"→"自定义筛选"命令，出现"自定义自动筛选方式"对话框，单击第一个条件选择框下拉箭头，选择"大于或等于"，在右边文本框中输入"80"，单击第二个条件选择框下拉箭头，选择"小于或等于"，在右边文本框中输入"90"，设置两个条件为"与"的关系，如图 13-5 所示。单击"确定"按钮完成筛选。筛选结果如图 13-6 所示。

图 13-5　"自定义自动筛选方式"对话框　　　　　图 13-6　筛选结果

单击筛选结果表中任一单元格，再选择"数据"→"筛选"命令，表格恢复原状。

4. 求各专业学生各门课程的平均成绩

单击"所在专业"列的任一单元格，然后单击"数据"工具栏的 完成升序排列。选择"数据"→"分类汇总"命令，出现"分类汇总"对话框，在分类字段下拉列表中选择"所在专业"，在"汇总方式"下拉列表中选择"平均值"，在"选定汇总项"列表中选择汇总字段"高等代数"、"大学英语"、"计算机基础"、"政治"、→"体育"，单击选择"汇总结果显示在数据下方"使之选中，如图 13-7 所示。单击"确定"按钮完成对"所在专业"的分类汇总。分类汇总的结果如图 13-1 所示。

在分类汇总结果表中单击，选择"数据"→"分类汇总"命令，在"分类汇总"对话框中，单击"全部删除"按钮，再单击"确定"按钮，使学生成绩表恢复原状。

5. 统计各专业男女生的人数

要统计各专业男女生的人数，既要按"所在专业"分类，又要按"性别"分类，适合采用数据透视表来解决问题。单击成绩表中任一单元格，选择"插入"→"数据透视表"，在出现的对话框中的"选择放置数据透视表的位置"中选择"新工作表"，单击"确定"按钮，把新工作表 Sheet1 中的右边任务窗格中的 "所在专业"属性拖到"行标签"中，把"性别"属性拖到"列标签中，再将"性别"属性拖到"数值"区域中，其设置如图 13-8 所示。单击"确定"按钮完成。其结果如图 13-9 所示。

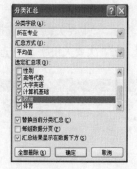

图 13-7 "分类汇总"对话框设置

图 13-8 数据透视表设置

图 13-9 统计各系男女生的人数

在学生成绩表 13-1 中，要求按照所学专业和性别分别进行分类汇总，并且把每个专业所有学生成绩分页打印，如图 13-10 所示。

操作步骤如下：

将学生成绩表按照所学专业进行分类汇总方法如前。由于要将每个专业学生成绩单独打印一页，故在分类汇总对话框中应该选中"每组数据分页"选项，如图 13-11 所示。

1	2	3	4		A	B	C	D	E	F	G	H	I
	1		×××院系学生期末成绩							
	2	学号	姓名	所在专业	性别	高等代数	大学英语	计算机基础	政治	体育
	3	01	马鹏飞	计科	男	82	90	85	78	96
	4				男 平均值	82	90	85	78	96
	5	02	席科菲	计科	女	80	75	84	85	78
	6	09	王敏	计科	女	85	89	69	85	78
	7				女 平均值	82.5	82	76.5		78
	8			计科 平均值		82.33333	84.66667	79.333333	82.66667	84
	9	03	浦耿	计应	男	75	65	85	95	54
	10	04	童伟刚	计应	男	85	65	68	74	54
	11				男 平均值	80	65	76.5	84.5	54
	12	06	雷蕾	计应	女	69	65	78		74
	13				女 平均值	69	65	78		74
	14	07	侯江波	计应	男	65	68	69	63	65
	15				男 平均值	65	68	69	63	65
	16			计应 平均值		73.5	65.75	72.5	77.5	61.75
	17	05	李蒋敏	网工	女	85	80	75	65	85
	18				女 平均值	85	80	75	65	85
	19	08	韩寨	网工	男	69	68	78	89	89
	20	10	薛熊	网工	男	85	89	96	85	59
	21				男 平均值	77	78.5	87	87	74
	22			网工 平均值		79.66667	79	83	79.66667	77.6666
	23			总计平均值		78	75.4	77.7	79.7	73.2
	24									

图 13-10 完成后的效果图

在进行第一步之后，在按性别进行分类汇总，这时需要把"替换当前分类汇总"选项去掉，如图 13-12 所示。

图 13-11　"分类汇总"对话框设置（1）　　　图 13-12　"分类汇总"对话框设置（2）

操作练习题

学生成绩表如图 13-13 所示，要求如下。

1. 筛选年龄在 20～21 的学生，并将结果保存为"exsx.xls"。
2. 求各年龄段学生各门课程的总分，并将结果保存为"exhz.xls"。
3. 对所在系按升序排列，如果相同则按其数学成绩降序排列,并将结果保存为"expx.xls"。
4. 统计各系各年龄段人数，并将结果保存为"extj.xls"。

	A	B	C	D	E	F	G
1			学生成绩表				
2	学号	姓名	所在系	年龄	数学	英语	计算机
3	072545	李辰	数学	19	96	78	85
4	072546	李丽	英语	20	74	89	75
5	072547	刘柳	数学	18	92	80	85
6	072548	杨柳	计算机	19	85	80	93
7	072549	柳丁	计算机	21	85	81	92
8	072550	张红	英语	20	80	90	85
9	072551	张节	管理	20	75	81	87
10	072552	吴红	管理	18	78	79	81
11	072553	吴为	电子	19	86	79	90
12	072554	陈东	电子	18	85	78	89

图 13-13　学生成绩

实验十四

Excel 2007 的图表操作及常用技巧

实验目的

1. 创建、编辑图表的一般方法。
2. 了解图表数据与数据源的关系。
3. 了解图表中各图表元素及其格式属性。
4. 掌握图表格式化的方法。

实验内容

用 Excel 2007 创建一张图表，要求效果如图 14-1 所示。

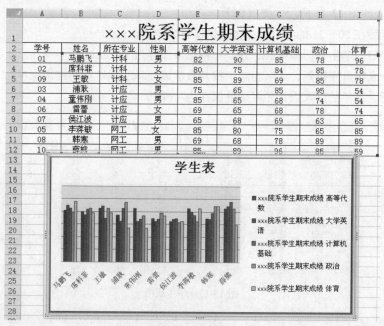

图 14-1　效果图

1. 创建图表

（1）启动 Excel 2007，打开工作簿文件。

（2）单击"插入"→"图表"→"柱形图"，弹出选择菜单如图 14-2 所示。

（3）选择 ，插入图表操作完成，效果如图 14-3 所示。

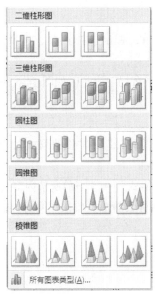

图 14-2 弹出菜单

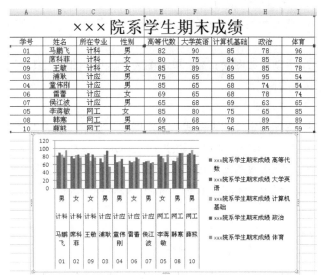

图 14-3 插入图表

2. 编辑图表

（1）添加及改变图表中的文本和数据。

打开图表，选择图表；单击鼠标右键，弹出选择菜单，从该菜单中选择"选择数据"命令，弹出"选择数据源"对话框，如图 14-4 所示。然后单击"添加"按钮，弹出"编辑数据系列"对话框，最后根据实际情况输入数据，单击"确定"，操作完成，如图 14-5 所示。

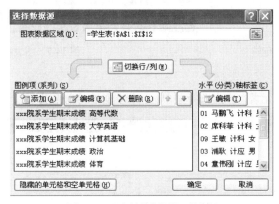

图 14-4 "选择数据源"对话框

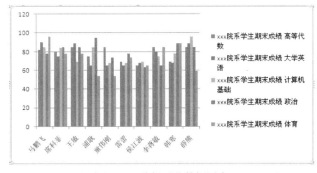

图 14-5 编辑后的数据图表

（2）更改图表布局。

① 选择预定义图表布局：单击"图表布局"块中的下拉按钮，弹出选择菜单，选择图表布局。

② 手动更改图表布局：单击图表，显示"图表工具栏"，选择"布局"功能区如图 14-6 所示，执行其中的操作。

（3）更改图表样式。

① 选择预定义图表样式：单击图表，显示"图表工具"，选择"设计"→"图表样式"，单击下拉按钮，弹出选择菜单，如图 14-7 所示。选择样式，应用到图表。

② 手动更改图表样式：单击图表，显示"图表工具"，选择"格式"→"当前所选内容"，单击"设置所选内容格式"按钮，弹出"设置图表区格式"对话框，具体设置后，单击"关闭"按钮。

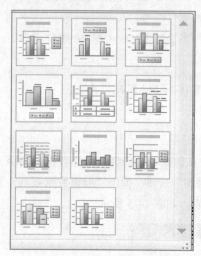

图 14-6　图表布局

图 14-7　图表样式

（4）改变图表格式。

右键单击图表或图表元素，弹出选择菜单；选择具体命令设置即可，如图 14-8 和图 14-9 所示。

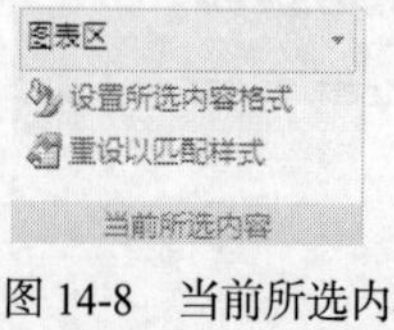

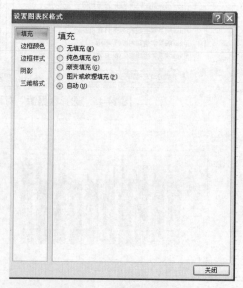

图 14-8　当前所选内容

图 14-9　设置图标区格式

操作练习题

1. 如图 14-10 所示的图中，为大学英语课程添加趋势线。

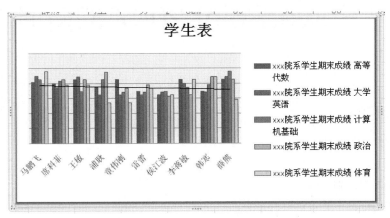

图 14-10　添加趋势线后的图表

操作步骤如下。

先选中图表，选择"布局"→"趋势线"，选择其中的"指数趋势线"，弹出"添加趋势线"对话框，从中选择大学英语，单击"确定"按钮即可，如图 14-11 所示。

2. 学生成绩表如图 14-12 所示，要求根据各科成绩产生一个柱形图，并嵌入到成绩表中。

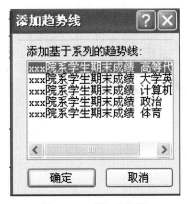

图 14-11　添加趋势线

	A	B	C	D	E	F	G
1	学生成绩表						
2	学号	姓名	所在系	年龄	数学	英语	计算机
3	072545	李辰	数学	19	96	78	85
4	072546	李丽	英语	20	74	89	75
5	072547	刘柳	数学	18	92	80	85
6	072548	杨柳	计算机	19	85	80	93
7	072549	柳丁	计算机	21	85	81	92
8	072550	张红	英语	20	80	90	85
9	072551	张节	管理	20	75	81	87
10	072552	吴红	管理	18	78	79	81
11	072553	吴为	电子	19	86	79	90
12	072554	陈东	电子	18	85	78	89

图 14-12　学生成绩表

实验十五
PowerPoint 2007 幻灯片制作

实验目的

1. 制作幻灯片的方法。
2. 格式化演示文稿。
3. 幻灯片的修改和编辑。
4. 掌握在幻灯片中插入对象的方法。
5. 学会放映幻灯片的方法。

实验内容

用 PowerPoint 2007 制作一篇演示文稿，要求有动画和超级链接，效果如图 15-1 所示。

图 15-1　实例效果图

1. 制作"母亲节快乐"幻灯片

（1）新建幻灯片。启动 PowerPoint 2007，新建空演示文稿，这时系统会提供一个默认版式为"标题幻灯片"如要选取其他版式的幻灯片，可选择"开始"→"幻灯片"→"版式"命令，这时会弹出对话框，从中选择所需的版式即可。

（2）插入图片。选择"插入"→"插图"→"剪贴画"命令，插入两张图片（其他相关图片也可），适当调整大小和位置。然后选择"插入"→"文本"→"艺术字"命令，这时会出现一个"艺术字库"对话框，从中选择一种类型即可。

（3）输入文本。在幻灯片的标题区中输入文本"祝母亲节快乐"，字体通过"字体"工具栏设置为：华文行楷、48 磅，在副标题区中输入"某某敬上"，并适当地调整标题占位符和副标题占位符的大小和位置。

（4）将幻灯片背景填充渐变为双色，选择"设计"→"背景"→"背景样式"命令，在弹出的对话框中选择"设置背景格式"，这时将会弹出"设置背景格式"对话框，在该对话框中选择"填充"方式中的"渐变填充"方式，按照图 15-2 设置好后，点击"关闭"按钮，那么刚设置好的背景将会应用到该幻灯片中，如果点击"重置背景"则刚设置好的背景格式不会生效，如果点击"全部应用"则所有的幻灯片全部都应用刚设置好的同一个背景格式。

图 15-2   设置背景格式

在幻灯片中插入背景音乐，并设置背景音乐的播放方式。

选择要插入背景音乐的幻灯片，再选择"插入"→"媒体剪辑"→"声音"命令，在弹出菜单中选择"文件中的声音"命令，在"插入声音"对话框中选择背景音乐"致爱丽丝.mp3"（也可以是其他音乐），单击"确定"按钮，在随后出现的对话框中选择"自动"，表示希望在幻灯片放映时自动播放声音。

设置放映方式为 "演讲者放映"及"循环放映，按 Esc 键终止"，放映观看演示文稿的播放效果。

选择"幻灯片放映"→"设置幻灯片放映"命令，在"设置放映方式"对话框中选择"演讲者放映"及"循环放映，按 Esc 键终止"，单击"确定"按钮。然后按 F5 键或选择"幻灯片放映/观看放映"命令观看演示文稿的播放效果。

按照同样的方法，可以制作完成第二张幻灯片。

2. 创建链接

在刚做好的"母亲节快乐"幻灯片即第一张幻灯片的"某某敬上"创建一个超级链接，当我们点击它时，能链接到邮箱：exeam1@163.com 上。

选中第一张幻灯片中的"某某敬上"，单击鼠标右键选择"超链接"命令，这时出现 "插入超链接"对话框，如图 15-3 所示，在该对话框的电子邮件处输入 exeam1@163.com 即可。创建超级链接后，在"某某敬上"出现下划线。当在放映时单击，将链接到我们刚才所设置的邮箱地址。

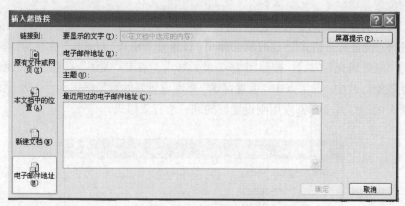

图 15-3　设置超级链接

3. 第一张幻灯片在播放时不显示声音图标

选择"动画"→"自定义动画"命令，在"自定义动画"任务窗格中单击选中 "致爱丽丝.mp3"的声音图标，单击鼠标右键，选择"效果选项"命令，出现"播放声音"对话框，选择"声音设置"选项卡，选中"幻灯片放映时隐藏声音图标"选项即可隐藏该声音图标。单击"确定"按钮，如图 15-4 所示。

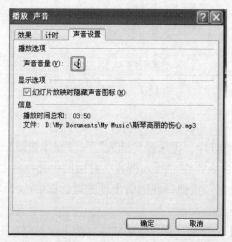

图 15-4　播放声音设置

4. 当点击第二张幻灯片上剪贴画时，幻灯片切换到前一张

选中该幻灯片上的剪贴画，单击鼠标右键，从该弹出菜单中选择"超链接"选项，在随后弹出的"插入超链接"对话框中选择"本文档中的位置"选项，然后在"请选择文档中的位置"栏中选择该幻灯片的前一张幻灯片即可。

5. 设置幻灯片的切换方式为"水平百叶窗"

选择"动画"→"切换到此幻灯片"命令，然后从中选择"水平百叶窗"，如图 15-5 所示。

图 15-5　切换到此幻灯片

6. 设置幻灯片母版

选择"视图"→"幻灯片母版"命令，在随后出现的窗口中，在左边出现的众多版式中，选择"office 主题幻灯片母版"，然后在中间的编辑区的右下角插入一个文本框，在该文本框中输入"计算机科学与技术学院"，设置好后，单击工具栏的"关闭母版试图"命令即可。

如果该母版要应用到所有的幻灯片，那应该选择第一种版式；如果要求不同的版式有不同的母版样式，那就应该按照幻灯片的版式在左边出现的版式中选择相应的版式。

操作练习题

1. 在上述完成的幻灯片中加入 flash 动画。效果如图 15-6 所示。

操作步骤如下：

（1）默认情况下，我们在 PowerPoint 2007 现有菜单中是无法找到"控件工具箱"这个工具的，要想调用它，我们还得进行一番设置。鼠标单击 PowerPoint 2007 主界面左上角的"Microsoft Office 按钮"，然后单击"PowerPoint 选项"，如图 15-7 所示。接下来在"常用"中找到"PowerPoint 首选使用选项"，选中"在功能区显示'开发工具'选项卡"复选框，点击"确定"按钮完成，如图 15-8 所示。

图 15-6　练习实例效果图

图 15-7　office 按钮

（2）现在 PowerPoint 2007 主界面功能区中就增加了一个"开发工具"选项卡，单击"开发工具"选项卡，在其中的"控件"组中，单击"其他控件"按钮进入"其他控件"对话框，在控件列表中选择"Shockwave Flash Object"对象，单击"确定"按钮完成。效果如图 15-9 所示。

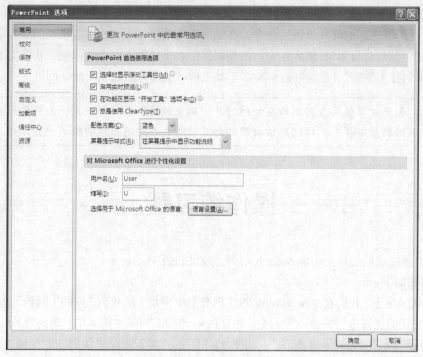

图 15-8　PowerPoint 选项

图 15-9　加入开发工具后

（3）控件插入后，在文档窗口中并不会增加任何新的内容，但请注意：光标指针被自动设置为十字形，用户可以自由拖动鼠标来决定 Flash 控件的大小，如图 15-10 所示。鼠标右键单击刚插入的控件，然后在菜单中选择"属性"。出现了新的"属性"对话框，在"movie"栏中输入放置 flash 动画的路径，如图 15-11 所示。

2. 以"我的家乡"为主题，用 PowerPoint 2007 制作一个不少于 4 张幻灯片的演示文稿，以"我的家乡"为文件名保存。要求如下。

（1）主题突出，文字与图片衔接得当，无图片的单张幻灯片请加上背景；

（2）在第一张"标题幻灯片"中 ，设置字体字号字型是：主标题为"我的家乡"，字体为黑体，三号字，倾斜；副标题是整个内容的一个提纲，即在后面几张幻灯片中所要介绍的内容的主题以提纲形式出现。字体为宋体，四号，加粗。标题全设置为绿色；

（3）第一张幻灯片的版式为"标题幻灯片"，其余的幻灯片的版式为"只有标题"；

（4）将每张幻灯片背景的填充效果设置成"花束"纹理。

图 15-10　控件插入后　　　　　　　　　　　图 15-11　属性设置

实验十六
PowerPoint 2007 的高级应用

实验目的

1. 演示文稿动画的创建与编辑。
2. 掌握幻灯片中超级链接的创建与编辑。
3. 掌握幻灯片放映和添加特殊效果的方法。
4. 了解演示文稿的打包和打印。

实验内容

用 Power Point 2007 制作一篇演示文稿，以下列示了（a）～（g）7 个幻灯片，效果如图 16-1 所示。

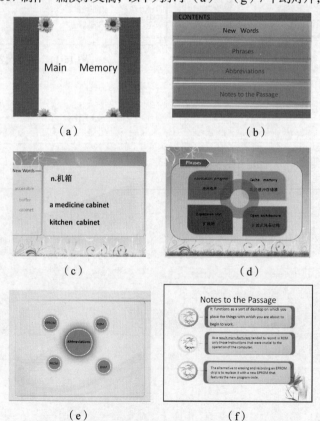

图 16-1　实例效果图

（g）

图 16-1　实例效果图（续）

1．制作幻灯片（a）

在一张空白的幻灯片上，绘制两个红色的矩形，分别放在幻灯片的左右两边。设置左边矩形的动画效果、开始方式和效果选项分别为："飞入"，"之前"，"自右侧"；对称地设置右边矩形的动画选项为："飞入"，"之前"，自左侧。然后放 4 张花朵的图片（该图片可以到网站上下载）在幻灯片上，分别设置其飞向 4 个方向。再设置 4 朵花的动画选项为："陀螺旋"，"之后"，那样的话，4 朵花就会在 4 个角落分别旋转。最后用一个文本框，写入该幻灯片的主题，例如，输入"Main Memory"，并将该文本框动画设置为："飞入"，"之前"，"自左侧"。

2．制作幻灯片（b）

新建一张空白幻灯片，绘制两个红色的矩形，分别放在幻灯片的顶部和底部，设置顶部矩形的动画效果、开始方式和效果选项分别为："飞入"，"之前"，"自底部"；对称地设置底部矩形的动画选项为："飞入"，"之前"，"自顶部"。然后绘制 4 个灰色的矩形，将整个幻灯片的中间部分分成 4 个部分，选中这 4 个矩形，将其动画选项都设置为："阶梯状"，"左下"；再绘制 4 个灰色的矩形，分别覆盖在前面 4 个矩形之上，并将其动画选项均设置为："阶梯状"，"右下"。然后再在这 4 部分的底部位置分别绘制一条蓝色的粗线，其动画选项都为："缩放"、"之后"、"放大"，然后再在顶部的红色矩形中放入一个文本框，输入"CONTENTS"，并将该文本框动画效果选项设置为："飞入"，"之后"，"自底部"，再在 4 条蓝色的粗线上分别放入一个文本框，第一个文本框中输入"New Words"，第二个文本框中输入"Phrases"，第三个文本框中输入"Abbreviations"，第四个文本框中输入"Notes to the Passage"。然后将 4 个文本框的动画效果选项均设置为："飞入"、"之后"、"自底部"。

3．制作幻灯片（c）

新建一张空白幻灯片，然后在该幻灯片上放入一张图片，使得该图片能铺满整张幻灯片，然后绘制一大一小两个圆角矩形，竖直将该幻灯片分成 2 个部分，在左边的圆角矩形中添加一个文本框，输入"New Words"，并将其效果、开始方式和效果选项分别设置为："棋盘"，"之后"，"下"；然后在该文本框右边紧接着绘制一条粗线，并在第 1 个文本框下面再绘制 3 个文本框，分别输入"accessible"、"buffer"、"cabinet"；将"accessible"文本框动画效果选项设置为："飞入"和"更改字体颜色为红色"，然后在中间圆角矩形中添加一个文本框，输入"Adj.易接近的；可访问的 accessible money　anaccessible　manager.accessible to flattery"，并将其进入方式设置为"百叶窗"，效果选项为"根据需要停留一段时间后退出"。按照同样的方法，可以设置左边的圆角矩形中其余 2 个文本框的效果。

4. 制作幻灯片（d）

新建一张空白幻灯片，在该幻灯片上放入一张图片，使得该图片能铺满整张幻灯片，然后在中间绘制一个大的圆角矩形，在该圆角矩形的左上角绘制一个红色的五边形，在其中添加文字"phrases"，并将其动画效果、开始方式和效果选项分别设置为："飞入"、"之前"、"自左侧"；再添加4个不同颜色四方形，放置在圆角矩形内的4个方向，将4个四方形的动画效果选项均设置为："进入"→"下降"，"强调"→"陀螺旋"，"之前"。然后在4个四方形均放入一个文本框，写上相应的内容后，将4个文本框的进入效果均设置为"缩放"。最后在圆角矩形的正中央绘制2个同心圆，将它们的进入效果均设置为"缩放"。

5. 制作幻灯片（e）

新建一张空白幻灯片，在该幻灯片上放入一张图片，使得该图片能铺满整张幻灯片，在中间绘制一个大的圆形，在该大圆上直接输入相应的文字，然后再绘制4个小的圆形，围绕着大圆，通过4个文本框在每个小圆中也输入相应的文字。将左上角和右下角的2个小圆组合一起，将右上角和左下角的2个小圆也组合一起，将两个组合的进入效果均设置为"缩放"。然后设置大圆的动画效果为："进入"→"缩放"，"强调"→"陀螺旋"。再将4个小圆重新组合成一个大的整体，并将其强调效果设置为"陀螺旋"。最后将4个小圆上的4个文本框的进入效果设置为"百叶窗"。

6. 制作幻灯片（f）

新建一张空白幻灯片，在该幻灯片上放入一张图片，使得该图片能铺满整张幻灯片，在该幻灯片顶部输入标题"Notes to the Passage"；在幻灯片的左边竖排着放3张图片，在幻灯片的右边竖排着放3个圆角矩形，在每个圆角矩形上放入一个文本框，然后输入相应的内容。用虚线将左边的3张图片分别跟右边的3个圆角矩形连接起来。设置左边的第1张图片的动画效果为："进入"→"缩放"，"强调"→"陀螺旋"，然后设置虚线和右边的第1个圆角矩形及其上的文本框的进入效果为"百叶窗"；用同样的方法设置下面2张图片和2个圆角矩形的动画效果。

7. 制作幻灯片（g）

新建一张空白幻灯片，在该幻灯片上放入一张图片，使得该图片能铺满整张幻灯片，在网上下载一些降落伞的图片，将它们的动画效果和开始方式均设置为："进入"→"淡出"，"之前"。动作路径为"绘制自定义曲线"。可以将降落伞从幻灯片的底部上升到顶部。然后将一个较大的降落伞放置在幻灯片区域下面，然后在该降落伞的下面用一个文本框，输入"THE　END"，将该降落伞的动作路径设置为"绘制自定义曲线"，将该降落伞上升到幻灯片的顶部，而该文本框的动画效果同样设置为"绘制自定义曲线"，但是应该将该文本框仅仅上升到幻灯片中间位置。

操作练习题

通过上面的练习实验，自己动手制作一个完整的幻灯片演示文稿。

实验十七
简单组网技术

实验目的

1. 认识和掌握网络设备的安装、配置方法。
2. 熟悉系统中网络部件的安装和设置。
3. 熟悉网络拨号、局域网设置和网络资源访问等操作。

实验内容

1. 网络设备介绍

（1）调制解调器：英文是 Modem，它的作用是模拟信号和数字信号的"翻译员"。我们使用的电话线路传输的是模拟信号，而计算机之间传输的是数字信号。所以当你想通过电话线把自己的计算机连入 Internet 时，就必须使用调制解调器来"翻译"两种不同的信号，完成计算机之间的通信，Modem 图片如图 17-1 所示。

（2）路由器：英文是 Router，它的作用是连接因特网中各局域网、广域网的设备，它会根据信道的情况自动选择和设定路由，以最佳路径，按前后顺序发送信号的设备。路由器是互联网络的枢纽，其作用相当于"交通警察"。路由器和交换机之间的主要区别是：交换机发生在 OSI 参考模型第二层（数据链路层），而路由器发生在第三层，即网络层，Router 图片如图 17-2 所示。

图 17-1　调制解调器

图 17-2　路由器

（3）交换机：英文是 Switch，意为"开关"，是一种用于电信号转发的网络设备。它可以为接入交换机的任意两个网络节点提供独享的电信号通路，最常见的交换机是以太网交换机。交换机图片如图 17-3 所示。

（4）集线器：英文是 Hub，即"中心"的意思。它的主要功能是对接收到的信号进行再生整形放大，以扩大网络的传输距离，同时把所有节点集中在以它为中心的节点上。它工作于 OSI（开放系统互联参考模型）参考模型第一层，即"物理层"。集线器与网卡、网线等传输介质一样，属于局域网中的基础设备，采用 CSMA/CD（一种检测协议）访问方式。集线器图片如图 17-4 所示。

图 17-3　交换机

级联端口　　普通端口

图 17-4　集线器

（5）网卡：计算机与外界局域网的连接是通过主机箱内插入一块网络接口板，又称为通信适配器或网络适配器（Adapter），更为简单的名称是"网卡"。目前，市场上有 8139 芯片的普通网卡和 USB 无线网卡等。网卡图片如图 17-5 和图 17-6 所示。

（6）网线水晶头：在制作网线之前，需要准备水晶头（如图 17-7 所示）、压线钳（如图 17-8 所示）、测线仪（如图 17-9 所示）、网线（如图 17-10 所示）。制作网线有 3 种方式，用于连接不同设备。

图 17-5　网卡

图 17-6　无线网卡

图 17-7　水晶头

图 17-8　压线钳

图 17-9　测线仪

图 17-10　网线

第一类是直通线（平行线）：可连接主机和交换机、集线器；路由器和交换机、集线器；

第二类是交叉线：可连接交换机—交换机；主机—主机；集线器—集线器；集线器—交换机；主机—路由器；

第三类是全反线：用于进行 Router 的配置，连接 Console 口，需要一个 DB25 转接头。

由于连接设备不同，网线接口（也叫水晶头、RJ45）的体序排列方式主要有两种：

第一种是 568A 型，网线从左到右排列顺序为：白绿、绿、白橙、蓝、白蓝、橙、白棕、棕；

第二种是 568B 型，网线从左到右排列顺序为：白橙、橙、白绿、蓝、白蓝、绿、白棕、棕。

水晶头内部的网线排序图片如图 17-11 所示。

如果要制作计算机—交换机或集线器的网线，应该选择直通线；两头都是 568A 或者两头都是 568B。如果要制作路由器—交换机或集线器的网线，应该选择直通线：两头都是 568A 或者两头都是 568B。如果要制作 PC—PC 的网线，应该选择交叉线：一头是 568A、一头是 568B。

网络设备及部件是连接到网络中的物理实体。网络设备的种类繁多，且与日俱增。我们这个实验主要针对 ADSL 网络拨号和小局域联网，所涉及的网络设备主要以方便实用为主。

2. ADSL 联网技术

ADSL 是 DSL（数字用户环路）家族中最常用，最成熟的技术，它是英文缩写是：Asymmetrical Digital Subscriber Loop（非对称数字用户环路）。它是运行在原有普通电话线上的一种新的高速宽带技术。上网速度快是 ADSL 的最大特点，上行速率最高可达 640kbit/s 和下行速率最高可达 8Mbit/s。

第一步：准备 ADSL 硬件设备。

计算机、网卡、无线路由器（考虑有多台计算机联网）、MODEM、电话线、网线。

在电话公司申请到 ADSL 上网账号后，按照网络拓扑结构图（如图 17-12 所示），用网线连接好计算机、路由器、MODEM；并将电话线一端插入 MODEM。当硬件设备的正常连接后，可以开始软件拨号设置。

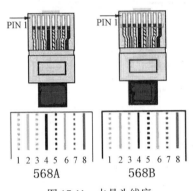

图 17-11　水晶头线序

图 17-12　网络拓扑结构图

第二步：设置 ADSL 软件：

（1）启动计算机，从开始菜单中选择运行 Windows XP 连接向导，开始→程序→附件→通讯→新建连接向导；

（2）运行连接向导以后，出现"欢迎使用新建连接向导"画面，再单击"下一步"按钮。

（3）选择默认，选择"连接到 Internet"，单击"下一步"按钮。

（4）在这里，选择"手动设置我的连接"，然后再单击"下一步"按钮。

（5）选择"用要求用户名和密码的宽带连接来连接"，单击"下一步"按钮。

（6）出现提示你输入"ISP 名称"，这里只是一个连接的名称，可以随便输入，例如"JSJ"，然后单击"下一步"按钮。

（7）在这里可以选择此连接的是为任何用户所使用或仅为您自己所使用，直接单击"下一步"按钮。

（8）输入自己用户名（电话公司提供的上网账号）和密码（一定要注意用户名和密码的格式和字母的大小写），并根据向导的提示，对这个上网连接进行 Windows XP 的其他一些安全方面设置，然后单击"下一步"按钮。

（9）至此我们的虚拟拨号设置就完成了。

（10）单击"完成"后，您会看到桌面上多了一个名为"JSJ"的连接图标。

（11）如果确认用户名和密码正确以后，直接单击"连接"即可拨号上网。

连接成功后，在屏幕的右下角会出现两台计算机连接的图标，至此您可以上网畅游了。计算机如需重装系统，可按照上述提示，重新安装拨号软件和建立拨号连接。

3. 简单局域网组网技术

局域网（Local Area Network，LAN）是指在某一区域内由多台计算机互联成的计算机组，一般是几千米以内。局域网可以实现文件管理、应用软件共享、打印机共享、工作组内的日程安排、电子邮件和传真通信服务等功能。局域网是封闭型的，可以由办公室内的两台计算机组成，也可以由一个公司内的上千台计算机组成。本例以办公局域网为例组网（见图17-13）。

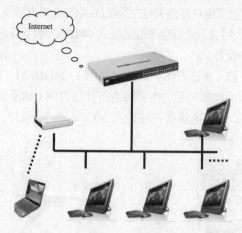

图 17-13　局域网网络拓扑图

（1）局域网硬件准备：

组网目标：在 $100m^2$ 区域，实现 5～10 台计算机联网。

组网设备：网线若干、1 台交换机、1 台路由器、计算机若干、网卡等。

按照拓扑结构图，用网线连接计算机与交换机、无线路由器；交换机与外网连接；路由器与交换机连接。

（2）局域网配置步骤。

第一步：网卡安装及设置。

执行顺序：安装好网卡相关驱动，接下来在操作系统内部进行设置。单击"开始"→"控制面板"→"网络连接"→"本地连接"。在"本地连接"窗口中单击属性（见图 17-14），在弹出的对话框中选择"Internet 协议（TCP/IP）"（见图 17-15）。按照要求填写"TCP/IP"、"子网掩码"、"默认网关"、"DNS"选项。

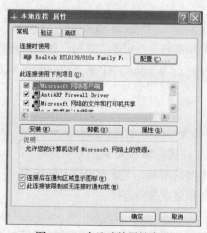

图 17-14　本地连接属性窗口

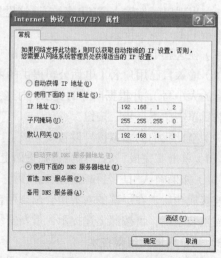

图 17-15　TCP/IP 设置

提示　　一般局域网的 TCP/IP 地址可以设置为：192.168.1.2 – 192.168.1.255；子网掩码设置为：255.255.255.0；网关为：192.168.1.1；DNS 缺省。

第二步：设置工作组和计算机名。

执行顺序：右键单击"我的电脑"，在"系统属性"窗口中（见图 17-16），选择"计算机名"栏目的"更改"，在弹出的窗口中"计算机名"取名为"JSJ001"，"工作组"为"MSHOME"（见图 17-17）。

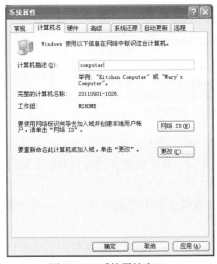

图 17-16　系统属性窗口

图 17-17　计算机名称更改

第三步：设置共享文件夹。

如果使用的操作系统是 Windows XP，默认安装不带有网络共享。执行顺序如下。

① 鼠标单击"开始"→"控制面板"→"网络安装向导"（见图 17-18），在"选中连接方法"对话框中选择"此计算机通过居民区的网关或网络上的其他计算机连接到 Internet"单选框，单击"下一步"按钮。

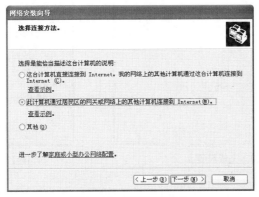

图 17-18　网络连接向导

② 在"给这台计算机提供名称和描述"对话框中可保留默认值，单击"下一步"按钮。

在"命名你的网络"对话框中同样使用默认值（或者采用与相邻的计算机相同的工作组名称），

单击"下一步"按钮。

③ 在"文件和打印机共享"对话框中选中"启用文件和打印机共享"单选框，单击"下一步"按钮（见图 17-19）。

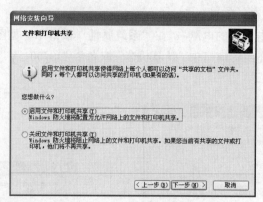

图 17-19　文件和打印机共享

④ 在"准备应用网络设置"对话框中单击"下一步"按钮。

⑤ 在"快完成了……"对话框中选择"完成该向导，我不需要在其他计算机上运行该向导"，单击"下一步"按钮，设置结束（见图 17-20）。

⑥ 如果前面的第②和第③步中更改了默认的计算机名和工作组名，则会弹出需要重启的对话框，选择"否"即可。

⑦ 在 D 盘建立一个文件夹（如"计算机导论资料"），右键单击该文件夹，从文件属性窗口中选择"共享"，在弹出对话框中选取"在网络上共享这个文件夹"。单击"确定"按钮后，该文件夹在局域网内即可共享（见图 17-21）。

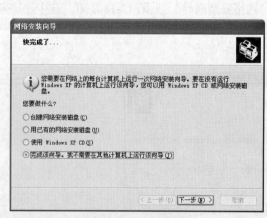

图 17-20　完成设置

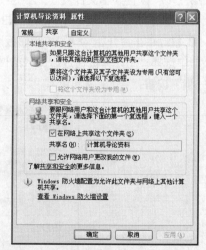

图 17-21　文件共享

第四步：网络映射。

执行顺序：右键单击"我的电脑"，从弹出菜单中选择"映射网络驱动器"。假设选择 "驱动器"表示名称为"U"（见图 17-22）；"文件夹"从"浏览"窗口中选择第三步操作中的"计算机导论资料"（见图 17-23），确定后，在"我的电脑"窗口中可以找到网络驱动器（见图 17-24）。

图 17-22 映射网络驱动器

图 17-23 设定映射对象

图 17-24 网络驱动器

第五步：通过网上邻居访问局域网的共享资源。

有两种访问网络共享资源的方法。

① 打开"网上邻居"双击"邻近的计算机"，双击需要访问的计算机名，则该计算机上所有设置了共享的资源将全部显示出来（见图 17-25）。

② 可以在资源管理器的地址栏输入要访问计算机的计算机名或 IP 地址，格式是：\\computerName 或\\×××.×××.×××.×××。例如：\\jsj1 或\\211.85.5.125。共享的网络资源可以和本地资源一样使用，也可以将共享资源复制到本地计算机上。

第六步：安装网络打印机。

① 首先必须在邻近计算机（假如计算机名为 jsj1）上安装一台打印机（注：只需安装相应的驱动程序，而非真正的打印机），并设为共享（方法同共享目录），设共享名为"PRINT"。

在"控制面板"中双击"打印机"（Windows 2000 中）或"打印机和传真"（Windows XP 中），在打开窗口中，右键单击安装的打印机，选择"共享"命令，在弹出的打印属性对话框中的"共享"选项卡中选中"共享这台打印机"单选框，并在其后的输入框中输入"PRINT"。

② 在本地机上安装网络打印机的方法是执行"开始"→"设置"→"打印机"→"添加打印机"命令，在弹出的对话框中单击"下一步"按钮，在"共享打印机"列表中，选择工作组和计算机（如"JSJ001"），然后选择共享打印机名（如"PRINT"）（见图 17-26）。如果找不到工作组，说明网络有问题（一般情况下，如果找不到共享打印机名，说明共享设置不成功。然后依次单击"下一步"、"完成"按钮。

第七步：网络命令的使用。

① ping 命令：执行"开始"→"运行"命令→在打开输入列表中输入"cmd"→单击"确定"按钮，在命令提示符窗口中输入"ping 192.168.1.2-t"或"ping www.sohu.com"后按回车键（见

图 17-27)。注意：ping 后有空格。

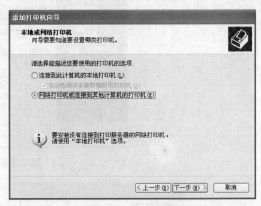

图 17-25 访问网络共享文件   图 17-26 共享打印机

② ipconfig 命令：在命令提示符窗口中输入 "ipconfig/all" 后按回车键，获取网卡的相关信息（见图 17-28 ）。

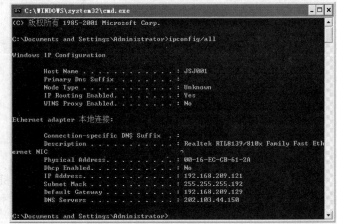

图 17-27 "运行"窗口   图 17-28 ipconfig 窗口

操作练习题

1. 在 E 盘新建 "GX" 文件夹，并设置为共享文件。
2. 访问网上邻居，找到本机的共享文件夹 "GX"。
3. 查询相同区域的主机，并将对方共享文件复制到 "GX" 中。
4. 在条件允许时，组建一个 2～4 台主机的局域网，联机访问共享资源。

提示

　　联机时，需要一个交换机和若干联机网线；IP 设置为 192.168.1.★（"★"代表 1～255 的数值）；工作组设置为 "MSHOME"；在网上邻居里安装相关的网络协议。

实验十八
Internet 综合应用

实验目的

1. 掌握 IE 浏览器的基本使用方法。
2. 掌握 IE 浏览器的设置方法。
3. 掌握搜索引擎的使用方法。
4. 掌握文件服务器的设置方法。
5. 掌握 Outlook Express 邮件地址的设置方法。
6. 掌握 Outlook Express 发送和接收邮件的方法。

实验内容

1. 用浏览器浏览下面网站主页，申请账号（邮箱），下载安装相关软件

（1）启动 Internet Explore 浏览器（以下简称 IE），在地址栏输入"http://www.qq.com"，浏览该主页，申请 QQ 账号，并下载安装最新 QQ 软件和 QQ 电脑管家。

（2）在地址栏输入"http://www.163.com"，并进入邮箱页面，申请一个免费邮箱。

> 接受服务协议才能申请免费邮箱，有些信息必填。申请完毕后，要记住邮箱的账户和密码。

（3）通过网页登录 163 邮箱，给同学发送一封邮件并抄送给自己。邮件主题为：我的第一封电子邮件。邮件内容随意填写，然后通过"收件箱"查看。

2. 收藏夹

把搜狐网站加入到收藏夹，命名为"搜狐网"。关闭 IE，通过收藏夹打开搜狐网站。在收藏夹中建立一个"新闻"文件夹，并把"搜狐新闻"添加到该文件夹。

> 方法一是打开"搜狐新闻"首页，执行"收藏"→"添加到文件夹"命令，在弹出菜单中选择"新建文件夹"，在输入框中输入"新闻"，然后单击"确定"按钮；方法二是执行"收藏"→"整理收藏夹"命令，单击"创建文件夹"按钮，然后在输入框中输入"新闻"；打开"搜狐新闻"首页→执行"收藏"→"添加到文件夹"命令，选择"新闻"目录，单击"确定"按钮。

3. 设置 Internet 选项

打开"Internet 选项"对话框有两种方法，一是打开"控制面板"→"Internet 选项"；二是在

IE 中，执行"工具"→"Internet 选项"命令。

（1）设置首页为"http://www.baidu.com"。

（2）把临时文件夹的大小设为 500MB，并将临时文件夹设为"D:\internet Temp"。

（3）查看本地计算机中保存的以前曾经访问过的网页。

在"Internet 选项"的"常规"选项卡，依次单击"设置"和"查看文件"按钮。

打开的窗口是曾经浏览过的网页的资源列表，但不能直接打开查看，可通过"资源管理器"定位到该文件夹进行查看。

（4）将 Internet 安全级别设置为"中"。

（5）设置"禁用脚本调试"，关闭"播放网页中的视频"。

在"高级"选项卡中进行设置。

4. 网页的搜索和保存

（1）登录"网易"（www.163.com）。

（2）登录"搜狐新闻"（http://news.sohu.com），阅读头条新闻，并将该新闻网页保存到硬盘上，然后在硬盘上打开刚才保存的网页。

（3）将"搜狐新闻"（http://news.sohu.com）头条新闻图片保存到硬盘上。

右键单击图片，在弹出的快捷菜单中选择"图片另存为"。

5. 文件服务器

FTP 文件服务器是在互联网上提供存储空间的计算机，它们依照 FTP 协议提供服务。FTP 的全称是 File Transfer Protocol（文件传输协议），专门用来传输文件的协议。简单地说，支持 FTP 协议的服务器就是 FTP 服务器。

（1）下载安装文件服务器。

文件服务器软件类型较多，Serv-U FTP 服务器（如图 18-1 所示）是目前用得较多的一个，下载网址："www.serv-u.cn/download.htm"。

如果您是首次安装 Serv-U，只需遵照安装屏上的指令选择安装目录并配置桌面快捷方式，以便快速访问服务器。您也可选择将 Serv-U 作为系统服务安装，这意味着当 Windows 启动时自动启动 Serv-U———在任何用户登录服务器前。如果 Serv-U 运行于专用的服务器机器，且没有交互式用户会话定期登录该服务器时，该选项很有用。如果 Serv-U 未作为系统服务安装，则登录 Windows 后需要手动启动该软件。

一旦完成安装，将启动 Serv-U 管理控制台。如果选择安装后不启动 Serv-U 管理控制台，可以通过双击系统托盘内的 Serv-U 图标，或单击右键选择"启动管理控制台"选项，启动控制台（如图 18-2 所示）。

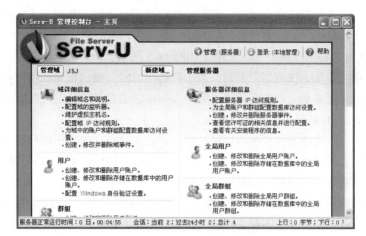

图 18-1　Serv-U FTP 服务器　　　　　　图 18-2　Serv-U FTP 服务器界面

（2）创建管理域。

完成加载管理控制台后，如果当前没有现存域会提示您是否创建新域（如图 18-3 所示）。单击启动域创建向导，通过管理控制台顶部或更改域对话框内的新建域按钮，从管理控制台内的打开更改域对话框。在 Serv-U 文件服务器上创建新域有 3 个简单步骤。

第一步是提供唯一的域名。域名对其用户是不可见的，并且不影响其他人访问域的方式。它只是域的标识符，使其管理员更方便的识别和管理域。同时域名必须是唯一的，从而使 Serv-U 可以将其与服务器上的其他区域分开。

第二步是指定用户访问该域所用的协议。标准文件共享协议是 FTP（文件传输协议），它运行于默认端口 21。端口号可以更改为您所选择的数值。如果在非默认端口上运行服务器，推荐使用 1024 以上的端口。选中您希望域支持的协议旁的选择框，然后单击"下一步"继续。

第三步是指定用于连接该域的物理地址。通常，这是用户指定的 IP 地址，用于在 Internet 上查找您的服务器。大多数家庭用户可以保留该选项空白，以使 Serv-U 使用计算机上的任何可用 IP 地址。

第四步是在该域存储密码时将使用的加密模式。默认情况下，使用单向加密安全地存储所有密码，一旦保存密码就会将其锁定。根据设置向导创建一个域，接下来需要创建用户账户，以便通过该域开始共享文件。

（3）创建用户账户。

创建首个域后，管理控制台将显示用户页面（如图 18-4 所示），并询问您是否希望使用新建用户向导创建新用户账户。单击启动新建用户账户向导。任何时候通过单击用户账户页面上的"向导"按钮可运行该向导。创建新用户账户有 4 个简单步骤。

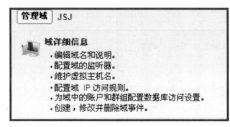

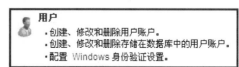

图 18-3　创建管理域　　　　　　　　　图 18-4　创建用户

第一步是提供账户的唯一的登录 ID。连接域时使用该登录 ID 开始验证过程。登录 ID 对于该域必须是唯一的，但服务器上其他域可能有账户拥有同样的登录 ID。要创建匿名账户，请指定登录 ID 为 "anonymous" 或 "ftp"（如图 18-5 所示）。

第二步是为账户指定密码。当用户连接域时，密码是验证用户身份所需的第二条信息。如果有人要连接该域，他们必须知道第一步中指定的登录 ID 以及此密码。密码可以留空，但将导致知道登录 ID 的任何人都能访问域，点击 "下一步" 继续。

第三步是指定账户的根目录。根目录是登录成功时用户账户在服务器硬盘（或可访问的网络资源）上所处的位置。如果锁定用户至根目录，他们就不能访问其根目录结构之上的文件或文件夹，单击下一步按钮继续最后一个步骤。

第四步是授予用户账户访问权（如图 18-6 所示）。访问权是按目录授予的。"只读" 访问权：用户只可在根目录中下载文件和文件夹，不能上传文件、创建新目录、删除文件/文件夹或重命名文件/文件夹。"完全访问"：用户能执行上述所有操作。

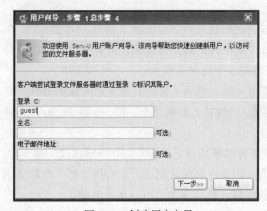

图 18-5　创建用户向导

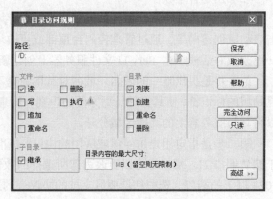

图 18-6　设定目录权限

Serv-U 文件服务器已准备就绪可供访问和共享，可以像创建该账户一样创建更多账户以便与其他朋友、家人或同事共享。每个用户可有不同的根目录从而使您可与不同人共享不同文件。

（4）登录文件服务器。

如果上述设置正确，可以通过 Web 访问（本例页面地址：ftp://192.168.1.2/）或者 FTP 客户端软件登录文件服务器，通过创建的账号、密码登录，进行上传和下载操作（如图 18-7 所示）。

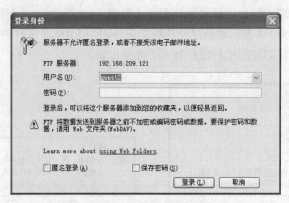

图 18-7　Web 方式登录文件服务器

6. Outlook Express

Outlook Express 是 Microsoft（微软）自带的一种电子邮件，简称为 OE，是微软公司出品的一款电子邮件客户端，也是一个基于 NNTP 协议的 Usenet 客户端。软件需要进行一些设置，才能方便使用，具体设置的细节如下。

登录申请邮箱的网站主页，找到"帮助"页面。163 邮箱的"帮助"页面地址为："http://mail.163.com/help/"；126 邮箱的页面为 "http://www.126.com/help/"，查找　"如何配置客户端程序"页面内容。按照"帮助"的说明配置 Outlook Express 邮件服务器。

（1）下面以 Outlook Express 配置 163 邮箱为例讲解配置过程。

① 启动 Outlook Express。打开"Internet 连接向导"，首先输入用户的"显示名"。此姓名将出现在用户所发送邮件的"发件人"一栏（如图 18-8 所示），然后单击"下一步"按钮。

② 在"Internet 电子邮件地址"窗口中输入你的邮箱地址如 username@163.com，如图 18-9 所示，再单击"下一步"按钮。

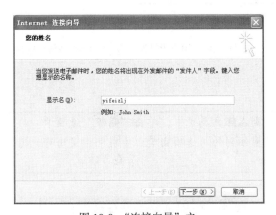

图 18-8　"连接向导"之一

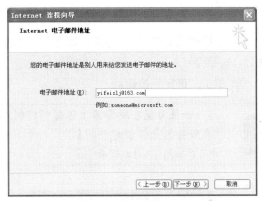

图 18-9　"连接向导"之二

③ 在"接收邮件（POP3、IMAP、或 HTTP）服务器："字段中输入"pop.163.com"。在"发送邮件服务器（SMTP）："字段中输入"smtp.163.com"（如图 18-10 所示），然后单击"下一步"按钮。

④ 在"帐户名："字段中输入你的 163 免费邮箱用户名（仅输入@前面的部分）。在"密码："字段中输入你的邮箱密码（如图 18-11 所示），然后单击"下一步"按钮。

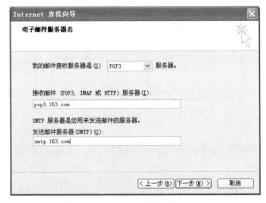

图 18-10　"连接向导"之三

图 18-11　"连接向导"之四

⑤ 单击"完成"按钮。

⑥ 在"Internet 帐户"对话框中，单击"邮件"选项卡，选中刚才设置的账号，单击"属性"按钮（见图 18-12）。

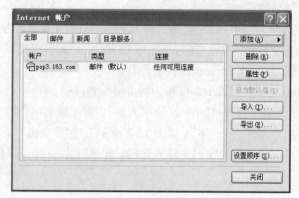

图 18-12 "连接向导"之六

⑦ 在属性设置窗口中，选择"服务器"选项卡，选中"我的服务器要求身份验证"复选框（如图 18-13 所示）。

⑧ 单击"确定"按钮。

 如果希望在服务器上保留邮件副本，则在账户属性中，单击"高级"选项卡。勾选"在服务器上保留邮件副本"。此时下边设置细则的勾选项由禁止（灰色）变为可选（黑色）（如图 18-14 所示）。

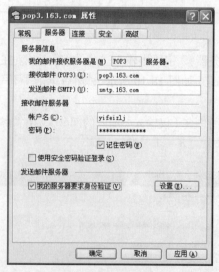

图 18-13 "连接向导"之七

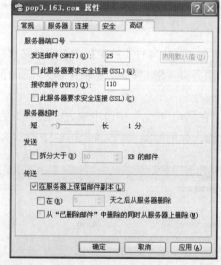

图 18-14 "连接向导"之八

（2）利用 Outlook Express 撰写并发送一封邮件给教师，同时抄送一份给自己。主题：教师节快乐；内容：祝福的话语和教师节相关图片。

① 单击工具栏上的"新邮件"或"文件"菜单的"新建"菜单中选择"邮件"，打开如图 18-15 所示的窗口。

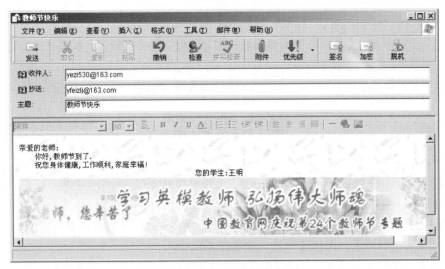

图 18-15　发送邮件窗口

②　在"收件人"框中输入收件人的电子邮件地址，多个地址之间用英文分号或逗号隔开。要发送副本，在"抄送"框中输入收件人的电子邮件，不同地址之间隔开。

③　在"主题"框中输入信件的主题，在下面输入邮件正文。单击工具栏上的"发送"按钮，将邮件放在发件箱中，若已连上 Internet，将直接发送出去，回到 Outlook Express 主窗口，单击"发送/接收"按钮，也可以发送出去。

（3）利用 Outlook Express 接收电子邮件。

①　单击 Outlook Express 工具栏上的"发送/接收"按钮。

②　单击 Outlook Express 窗口左边的"收件箱"图标，Outlook Express 将接收到的所有邮件全部显示在窗口右侧的窗口中，单击邮件主题，内容显示在下面的窗格中（如图 18-16 所示）；已经阅读过的邮件显示为正常字体，已下载但尚未阅读的邮件显示为粗体。

图 18-16　接收邮件窗口

提示　未读邮件前如有一个曲别针形状的图标，即为邮件的附件，双击此图标查看。

操作练习题

1. 在"搜狐新闻"（ http://news.sohu.com）上快书找到含有"股票"的所有位置，保存首页在 D 盘，命名为"股票"。

2. 删除所有临时文件目录下的文件，将历史记录网页保存的天数设为 10 天。

3. 下载一首流行音乐，保存到 D 盘，歌名为"music"。

4. 下载安装设置文件服务器，创建用户后，登录文件服务器上传 D 盘里的歌。

5. 学生登录"北京洪恩软件公司"，并在线学习计算机基础知识。

6. 编辑电子邮件：

（1）收件人地址：（收件人地址考试时指定）

主题：计算机作业

正文如下：

　　尊敬的老师：您好！

　　　　您需要的文件已准备好，现发给您，见附件。

　　　　此致

　　敬礼！

（考生姓名）

（考生的学号）

2011 年 12 月 12 日

（2）将 D 盘的"股票"和"music"两个文件以附件的形式添加在邮件中发送。

实验十九
FrontPage 的基本操作

实验目的

1. 掌握 FrontPage2003 的启动与退出、熟悉 FrontPage 2003 的用户界面。
2. 掌握 FrontPage2003 中站点的创建、打开、关闭方法，创建个人网站。
3. 掌握网页的创建、保存、打开方法。
4. 掌握网页中文本的编辑及格式设置。
5. 学会使用表格对网页进行布局。
6. 通过插入图片、音频文件、字幕等制作内容丰富的多媒体网页。
7. 掌握为文本、图像创建超链接的方法。
8. 掌握书签的创建和使用。
9. 掌握站点导航结构的建立和导航栏的使用
10. 掌握站点发布前的准备工作。
11. 学会通过 HTTP 协议将站点文件发送到 Web 服务器上。

实验内容

1. 启动 FrontPage 2003

单击"开始"→"程序"→"Microsoft　FrontPage 2003"。

2. 创建新站点

新建一个没有网页的空站点，该空站点的位置设置为 D：\Myweb，操作步骤如下。

（1）在"文件"菜单的"新建"子菜单中选择"站点"命令，打开"新建站点"对话框。

（2）在"新建站点"对话框中选择新建"空站点"选项，并在对话框右侧的文本框中指定新站点的位置为 D：\Myweb。

（3）单击"确定"按钮，完成新站点的创建。

3. 站点的打开与关闭

（1）打开位置为 D：\Myweb 的站点。

① 单击"文件"菜单中的"打开站点"命令，系统弹出"打开站点"对话框。

② 在"文件夹"文本框中输入"D：\Myweb"后，单击"打开"按钮。

（2）关闭站点。选择"文件"菜单中的"关闭站点"命令。

4. 网页的新建与保存

在站点 D：\Myweb 中新建一个普通网页，以文件名"荷塘月色.htm"保存在站点文件夹中。

操作步骤如下。

（1）打开站点 D：\Myweb。

（2）新建网页。

① 在"文件"菜单的"新建"子菜单中选择"网页"命令，打开"新建"对话框。

② 在"新建"对话框的"常规"标签中选择"普通网页"选项。

③ 单击"确定"按钮，则将在站点中创建一个空白网页。

（3）保存网页。

单击"文件"菜单中的"另存为"命令，打开"另存为"对话框，在"保存位置"中确定保存位置为：D：\Myweb，在"文件名"文本框中输入"荷塘月色"，单击"更改"按钮将网页标题也更改为"荷塘月色"，最后单击"保存"按钮。

（4）关闭网页。

单击网页编辑窗口右上角的"关闭"按钮。

5. 编辑网页

在网页"荷塘月色. htm"中录入朱自清的《荷塘月色》中的部分段落，将标题"荷塘月色"字体设置为：幼圆、6 号字、倾斜、居中；正文行距设置为 2 倍行距，首行缩进 30，页面背景颜色设置为浅黄色，如图 19-1 所示，以原文件名保存在站点文件夹 D：\Myweb 中。

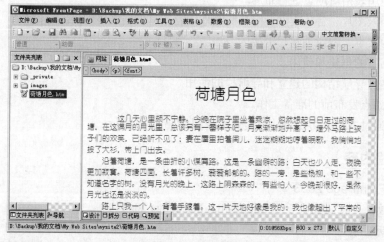

图 19-1　效果图

页面编辑完成后，单击常用工具栏上的"保存"按钮，以原文件名保存到站点文件夹 D：\Myweb 中。

6. 插入表格

在站点 D：\Myweb 中新建一个空白网页，在网页中创建一个表格，并输入指定文本，如图 19-2 所示，最后以文件名"首页. htm"保存在站点文件夹中。

（1）启动 FrontPage 2003，打开站点 D：\Myweb。

（2）单击常用工具栏上的"新建网页"按钮，新建一个空白网页。

（3）在"表格"菜单的"插入"子菜单中选择"表格"命令，打开"插入表格"对话框。

（4）在"插入表格"对话框中，设置行数为 5，列数为 2，边框粗细为 0，单击"确定"按钮。

（5）分别将表格中第二行和第五行的两个单元格合并为一个单元格。

将第三行的两个单元格先合并后拆分为 5 个单元格，第四行的两个单元格先合并后拆分为 3

个单元格，通过鼠标拖动粗略调整单元格大小。

图 19-2　效果图

（6）在第三行的 5 个单元格中分别输入文本"首页"、"散文赏析"、"精彩图片"、"音乐天地"和"联系我们"，在第五行中输入文本"联系电话：87654321　E-mail：Myweb123@163. com"。

（7）选定第三行和第五行，在"表格"菜单的"属性"子菜单中选择"单元格"命令，打开"单元格属性"对话框，设置水平对齐方式为"水平居中"，垂直对齐方式为"相对垂直居中"，背景颜色为淡紫色，最后单击"确定"按钮。

（8）在第四行的第一个单元格中输入文本，内容如下：

> "轻轻的我走了，正如我轻轻的来；
> 我轻轻的招手，作别西天的云彩。
> 那河畔的金柳，是夕阳中的新娘；
> 波光里的艳影，在我的心头荡漾。
> 软泥上的青荇，油油的在水底招摇；
> 在康河的柔波里，我甘心做一条水草！"

在第三个单元格中输入文本内容如下：

> "寻梦？撑一支长篙，向青草更青处漫溯，
> 满载一船星辉，在星辉斑斓里放歌。
> 但我不能放歌，悄悄是别离的笙箫；
> 夏虫也为我沉默，沉默是今晚的康桥。
> 悄悄的我走了，正如我悄悄的来；
> 我挥一挥衣袖，不带走一片云彩。"

使用格式工具栏设置文本的字体为 12 磅，在"段落"对话框中设置行距为 2 倍行距，文本之前缩进为 30，在"单元格属性"对话框中设置垂直对齐方式为"相对垂直居中"。

（9）保存网页。

单击常用工具栏上的"保存"按钮，在弹出的"另存为"对话框中，确定保存位置为：D:\Myweb，将网页标题更改为"首页"，文件名更改为"首页. htm"，单击"保存"按钮。

7. 插入字幕

在文件名为"首页. htm"的网页中插入一个向左滚动的字幕，设置文本的字体为华文彩云，

大小为18pt，颜色为橙色。操作步骤如下。

（1）打开网页"首页．htm"。

（2）将光标定位在表格第一行的第一个单元格中，在"插入"菜单的"组件"子菜单中选择"字幕"命令，打开"字幕属性"对话框。

（3）在"字幕属性"对话框的文本框中输入文本"欢迎访问本网站！"，设置方向为"左"，表现方式为"滚动条"，文本对齐方式为"垂直居中"。

（4）单击"样式"按钮，打开"修改样式"对话框。

（5）单击"修改样式"对话框中的"格式"按钮，在出现的子菜单中选择"字体"命令，打开"字体"对话框，设置字体为华文彩云，大小为18pt，颜色为橙色。

（6）单击"确定"按钮。

（7）保存网页。

8. 插入站点计数器

在文件名为"首页.htm"的网页中添加一个站点计数器，操作步骤如下。

（1）打开网页"首页.htm"。

（2）将光标定位在表格第一行的第二个单元格中，输入文本"您是本站的第位访问者"，单击格式工具栏上的"右对齐"按钮，使文本右对齐。

（3）将光标定位在文本"第位"之间，在"插入"菜单的"组件"子菜单中选择"站点计数器"命令，打开"站点计数器属性"对话框，选择第一种计数器样式后，单击"确定"按钮。

（4）保存网页。

9. 插入图片

在文件名为"首页.htm"的网页中插入预先准备好的图像文件，并保存到站点文件夹 D:\Myweb\images 中。操作步骤如下。

（1）打开网页"首页.htm"。

（2）将光标定位在表格的第二行，在"插入"菜单的"图片"子菜单中选择"来自文件"命令，打开"图片"对话框。

（3）单击"图片"对话框右侧的"从计算机上选择一个文件"按钮，打开"选择文件"对话框，确定查找范围为"素材盘"，选择一副图片，单击"确定"按钮。

（4）选定插入的图片，将网页编辑器从"普通"状态切换到"HTML"状态，将 HTML 语言中图片的宽度调整好显示比例，使图片宽度与单元格宽度一致。

（5）保存图片文件和网页。

① 单击常用工具栏上"保存"按钮，打开"保存嵌入式文件"对话框。

② 单击"保存嵌入式文件"对话框中的"改变文件夹"按钮，打开"改变文件夹"对话框，确定搜索文件夹为"D"\Myweb\images"，单击"确定"按钮，返回到"保存嵌入式文件"对话框。

③ 在"保存嵌入式文件"对话框中单击"确定"按钮，保存图片文件，同时以原文件名"首页.htm"保存网页。

（6）重复上述步骤中的第（2）、（3）、（5）步将图像文件插入到表格第四行第二个单元格中，并保存到文件夹"D：\Myweb\images"中。

10. 插入背景音乐

在站点 D:\Myweb 中新建一个空白网页，输入指定文本，如图 19-3 所示，将预先准备好的 mp3 文件设置为网页的背景音乐，最后将网页以文件名"音乐天地.htm"保存在站点文件夹中。

图 19-3　效果图

操作步骤如下。

（1）打开站点 D：\Mywcb，新建一个空白网页。

（2）在网页编辑器中输入文本：

　　　"音乐天地

　　　世界名曲

　　　小步舞曲（贝多芬）　　　　　　　月光奏鸣曲（贝多芬）

　　　天鹅湖序曲（柴可夫斯基）　　　　小提琴协奏曲 3 号（莫扎特）

　　　怀旧经典　　　毕业生　　　　　　卡萨布兰卡　　　时光流逝　　　　"

（3）单击"格式"菜单中的"背景"命令，打开"背景属性对话框"，在"常规"标签中设置背景音乐为准备好的 mp3 文件。

（4）将网页以文件名"音乐天地.htm"保存到文件夹 D：\Myweb 中。

11．为文本创建超链接

为站点 D：\Myweb 中的网页"首页.htm"中的文本"散文赏析"、"音乐天地"创建超链接，分别链接到该站点中的文件"荷塘月色.htm"和"音乐天地.htm"，操作步骤如下。

（1）打开站点 D：\Myweb。

（2）打开网页"首页.htm"。

（3）选定文本"散文赏析"，单击"插入"菜单中的"超链接"命令，打开"创建超链接"对话框，单击名称列表框中的"荷塘月色. htm"，该网页的文件名会自动出现在 URL 文本框中，最后单击"确定"按钮。

（4）重复步骤（3）将文本"音乐天地"链接到本站点中的网页文件"音乐天地.htm"。

（5）保存网页文件"首页.htm"。

12．为图像创建超链接

为网页"首页.htm"中的图片创建超链接，将其链接到同一站点 D：\Myweb 中的网页"荷塘月色.htm"。操作步骤如下。

（1）打开网页"首页.htm"。

（2）右击位于表格第四行第二列的图片，在弹出的图片快捷菜单中选择"超链接"命令，打开"创建超链接"对话框，单击名称列表框中的"荷塘月色.htm"，最后单击"确定"按钮。

（3）保存网页"首页.htm"。

13. 创建以书签为目的地的超链接

（1）添加书签。

在网页"荷塘月色.htm"的两段文本中添加书签，书签名称分别为"第一段"和"第二段"，操作步骤如下：

① 打开网页"荷塘月色．htm"。

② 将光标定位在正文第一段的第一行，单击"插入"菜单中的"书签"命令，打开"书签"对话框，在"书签名称"文本框中输入"第一段"，单击"确定"按钮。

③ 重复步骤②在第二段中添加书签"第二段"。

④ 保存网页"荷塘月色．htm"。

（2）创建以书签为目的地的超链接。

在网页"荷塘月色.htm"中输入文本"第一段"、"第二段"，分别链接到书签"第一段"和书签"第二段"。操作步骤如下。

① 在标题《荷塘月色》节选"之后输入文本"第一段　第二段"。

② 选定文本"第一段"，然后单击"插入"菜单中的"超链接"命令，打开"创建超链接"对话框，在"书签"下拉列表中选择目标书签"第一段"，该书签名称会自动出现在 URL 文本框中，并且在书签的名称之前自动加"#"，最后单击"确定"按钮。

③ 重复步骤 2 将文本"第二段"链接到书签"第二段"。

④ 保存网页"荷塘月色.htm"。

14. 使用导航栏创建超链接

（1）建立网站的导航结构为站点 D：\Myweb 建立导航结构，如图 19-4 所示。

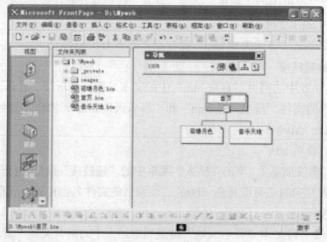

图 19-4　效果图

① 打开站点 D：\Myweb。

② 单击"视图"栏中的"导航"按钮，切换到导航视图。

③ 将文件夹列表中的网页"首页.htm"拖曳到导航视图中，再将"荷塘月色.htm"和"音乐天地.htm"拖曳到导航视图中，作为"首页．htm"的子页。

（2）插入导航栏。

在网页"荷塘月色.htm"和"音乐天地.htm"中插入导航栏，操作步骤如下。

① 切换到网页视图，打开网页"荷塘月色.htm"。

② 单击"插入"菜单的"导航栏"命令，打开"导航栏属性"对话框，单击"同一层"单选钮和"父页"复选框，方向和外观选择"水平按钮"，最后单击"确定"按钮。

③ 保存网页"荷塘月色.htm"。

④ 重复上述步骤在网页"音乐天地.htm"中插入导航栏后保存网页。

15．准备发布站点 D：\Myweb

（1）检查拼写。

① 在 FrontPage 2003 编辑器中打开站点 D：\Myweb，切换到文件夹视图。

② 单击"工具"菜单中的"拼写检查"命令，打开"拼写检查"对话框，选择拼写检查"整个站点"，并选定"为有拼写错误的网页添加任务"。

③ 单击"开始"按钮，开始检查整个站点的拼写错误。

（2）验证站点所有文件的超链接文件。

操作步骤如下。

① 打开站点 D：\Myweb，切换到报表视图。

② 单击报表工具栏中右侧的"验证超链接"按钮，打开"验证超链接"对话框，选择"验证所有超链接"。

③ 单击"开始"按钮，进行站点超链接的验证，验证完毕后断开的超链接会出现在报表中。双击报表中断开的超链接，系统弹出"编辑超链接"对话框，可以对断开的超链接进行修改。

（3）检查不正确的组件。

打开站点 D：\Myweb，切换到报表视图，在报表视图中列出了"组件错误"的总数，双击"组件错误"，可以得到组件错误文件的详细列表。

（4）申请免费空间。

如果准备将站点发布到全球广域网上，将需要一个 Internet 服务提供商（ISP），由他们提供存放网站的空间和 Web 服务器。在 Internet 上申请到免费空间后，通常你将得到一个账户和密码，还有你的网站的地址。

16．通过 HTTP（超文本传输协议）发布站点 D：\Myweb

（1）在 FrontPage2003 编辑器中打开站点 D：\Myweb。

（2）单击"文件"菜单中的"发布站点"命令，打开"发布站点"对话框。

（3）在"指定发布站点的位置"栏中键入 Web 服务器的 URL 地址，使用 HTTP 协议。

如果不知道能够提供站点发布的 Web 服务器的 URL 地址，可以单击对话框中的"WPP"按钮，在 Microsoft 网站中查找 ISP（Internet 服务提供商）。选择"发布所有网页，覆盖目标站点上已有的同名网页"将发布站点中的所有网页。

（4）单击"发布"按钮，成功发布后会显示"成功发布站点"提示窗口。

思 考 题

按照本次实验步骤和内容，自己动手做个人主页。

实验二十
常用软件的操作

实验目的

1. 学习使用 WinRAR，完成文件和文件夹的压缩和解压缩。
2. 学习使用腾讯 QQ，申请新的 QQ 号码，登录及其他操作。
3. 学习使用网际快车（FlashGet），下载 Internet 上的各种软件。
4. 使用《暴风影音》播放软件，播放本地计算机及网络上的各种媒体文件。
5. 下载安装一个翻译软件（有道词典），学习中英文间的语句翻译。

实验内容

1. WinRAR 软件

WinRAR 软件是目前最流行的压缩工具，支持鼠标拖放及外壳扩展，内置程序可以解开 CAB、ARJ、LZH 等多种类型的压缩文件；具有估计压缩功能，可以在压缩文件之前得到用 ZIP 和 RAR 两种压缩格式的大概压缩率；压缩率相当高，而资源占用相对较少；还具备大多压缩工具不支持的固定压缩、多媒体压缩和多卷自释放压缩功能。

（1）文件的压缩：从网上下载某个产品的销售方案进行压缩。

① 新建"产品销售方案"的 word 文档，从网上搜索某个产品销售的相关文件与图片等内容，复制保存到该文档内，关闭 word 文档。选中"产品销售方案".doc，单击鼠标右键，在快捷菜单中选择"添加到'产品销售方案.rar'"，即可在原文件夹下生成同名的压缩文件"产品销售方案.rar"。

② 在其他文件夹下生成不同名的压缩文件选定该文件，单击鼠标右键，在快捷菜单中选择"添加到压缩文件…"，弹出"压缩文件名和参数"对话框。在"常规"选项卡中设置压缩文件名为"C:\产品销售方案（压缩）.rar"，压缩文件格式为"RAR"，压缩方式为"标准"，更新方式为"添加并替换文件"。"确定"后在 C:\生成压缩文件"产品销售方案（压缩）.rar"，此时生成的压缩文件与原文件不同名，所在文件夹也不同。

（2）文件的解压缩：对压缩文件"产品销售方案.rar"进行解压缩。

① 直接双击压缩文件进行解压缩直接双击该文件，在弹出 WinRAR 程序窗口中，即可查看解压文件"产品销售方案.ppt"。

② 设置"解压路径和选项"对话框进行解压缩选定该文件，单击鼠标右键，在弹出的快捷菜单中选择"解压文件…"，弹出"解压路径和选项"对话框。在"常规"选项卡中设置目标路径为"D:\Downloads"，更新方式为"解压并替换文件"，覆盖方式为"在覆盖前询问"。"确定"后在 D:\Downloads 下生成解压文件"产品销售方案.ppt"。

2．QQ 聊天软件的使用

（1）启动腾讯 QQ 聊天软件，单击"申请号码"按钮（有的版本为"注册向导"），进入"申请号码"对话框。

（2）申请流程共四步："同意条款"，"必填基本资料"，"选项高级资料"，"完成"，依次按照要求进行填写即可。

（3）若申请成功，会返回 QQ 号码及相应信息。

（4）启动腾讯 QQ 聊天软件，在登录框中输入 QQ 号码和密码，单击"确定"按钮。登录有多种模式，可根据需要选择。

（5）登录后，就可以和好友聊天了。在好友的列表框中，在线好友的图标显彩色，离线的或隐身的为灰白色。

（6）与好友聊天，只须双击该好友的图像，弹出"发送消息"对话框，在下方的文本框中键入聊天信息，单击"发送"。

（7）在腾讯 QQ 的程序窗口下部，单击"查找"按钮，弹出"查找/添加好友"对话框。选择一种查找方式，如"看谁在线上"选项，单击"下一步"。

（8）系统弹出"查找结果：在线用户数"对话框，显示查找到的在线用户的 QQ 图标。

（9）选择一个用户的 QQ 图像，双击选中图标，弹出"查看用户信息"对话框，将显示所选择用户的详细情况。

（10）如果确定要添加某个用户为好友，则选中此图像，单击"下一步"，弹出"找到好友"对话框，单击"完成"。

（11）如果系统提示需要对方验证，则还需发送消息给对方，等返回"对方同意加为好友"的系统消息后，才可以和新好友聊天。

　　QQ 除聊天功能外，还有很多有用的功能，网络硬盘就是常用功能之一。每个 QQ 用户免费拥有 16MB 大小的网络硬盘空间，在网络硬盘上可以存放自己的文件，这样只要可以上网就能方便的存取文件。

3．网际快车（FlashGet）

目前流行的网络下载工具软件之一。下载的最大问题是速度，其次是下载后的管理，网际快车圆满的解决了这两个问题。通过把一个文件分成几个部分同时下载可以成倍的提高速度，下载速度可以提高 100%到 500%。并且，网际快车还可以创建不限数目的类别，每个类别指定单独的文件目录，不同的类别保存到不同的目录中去。管理功能强大，包括支持拖曳、更名、添加描述、查找和文件名重复时可自动重命名等，而且下载前后均可方便实现对文件的管理。使用"网际快车"下载"五笔字型输入法"软件操作实例如下。

（1）启动 IE 浏览器，在地址栏上输入 http://www.baidu.com，按"Enter"键进入"百度"的搜索引擎网页。

（2）在"百度搜索"栏中输入关键字（即所要查找的信息），如："五笔字型输入法下载"，点击"百度搜索"按钮。

（3）在搜索结果中选择一个链接，点击即可进入"五笔字型输入法"的下载页面。

（4）用鼠标右键单击下载链接，在弹出的快捷菜单中选择"使用网际快车下载"的菜单命令，弹出"添加新的下载任务"对话框。

（5）在"常规"选项卡中设置"另存到"为"D:\Downloads"，"重命名"为"五笔.zip"，"文件分成"设置为"5"段同时下载。

（6）单击"确定"，网际快车就开始下载文件了。具体信息可以打开网际快车的程序窗口查看。在"网际快车"程序主窗口中可以看到文件总大小、完成数、下载速度等信息。

（7）下载完毕后，在 d:\downloads 中可以找到"五笔.zip"文件。双击该文件，解压缩后，会弹出安装窗口。安装完毕后，即可在任务栏的输入法图标中找到五笔字型输入法。

4.《暴风影音》播放软件

（1）快速打开文件与视、音频字幕设置（如图 20-1 所示）。

（2）播放 DVD 的设置菜单（仅对 DVD 光盘生效）。

（3）显示比例与皮肤更换。

（4）影片记忆功能（方便从断开的地方继续观看）。

（5）更换观看循环比如：单曲循环和随机播放的方式。

（6）隐藏播放列表。

（7）综合设置快捷键包括视频调节（如图 20-2 所示）、跳过片头尾、音频设置（见图 20-3）、声音延迟、字幕设置（如图 20-4 所示）、手动加载字幕，方便快捷。

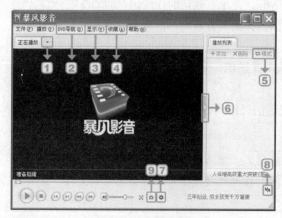

图 20-1　暴风影音主界面

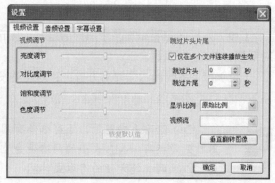

图 20-2　视频调节

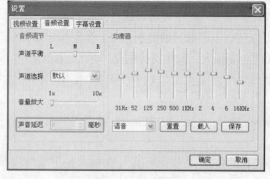

图 20-3　音频设置

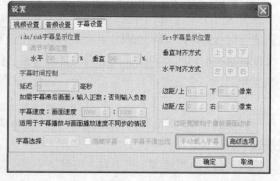

图 20-4　字幕设置

（8）用快捷方式更换皮肤并加入换肤功能（如图 20-5 所示）。

（9）截屏工具快捷方式：截屏文件保存在 D:MyDocumentsMyPictures 更改存储方式在播放——其他设置选项里（如图 20-6 所示）。

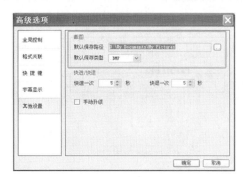

图 20-5 更换界面皮肤　　　　　　　　　　图 20-6 截图设置

提示

《暴风影音》实用应用技巧如下。

① 快速清除播放的"历史记录"：《暴风影音》菜单中的第一个"快速打开文件"选项能把我们最后一次打开影音文件的存放路径给暴露出去，你想清除的话，只要打开"选项"对话框切换到"播放器"选项卡，将右侧的"保留最近打开文件的历史记录"选项前的钩号去掉即可。

② 快速保存视频播放画面：通常播放电影时，使用 PrintScreen 键进行截取时，视频画面区域会一团漆黑。用《暴风影音》截取视频画面就不会出现这种情况了：在视频播放过程中想截图的话，立即单击"暂停"按钮，点击"文件→保存图像"保存即可。《暴风影音》会默认保存为 BMP 格式的图片（如图 20-7 所示）。

图 20-7 快速保存视频播放画面

③ 快速治疗在线播放"打嗝"现象：我们用《暴风影音》在线收看一些影片时，视频缓冲常导致影片播放"时断时续"，好像人打嗝一样。这时我们可以打开"选项"对话框，切换到"播放器"选项卡，勾选"提高处理进程优先级"即可。

④ 让视频播放支持"断点续传"：一部影片通常有两个小时左右，如果有事要关机出门就会被迫中断影片的欣赏，其实这时用户可以在《暴风影音》中将当前正在播放的影片插入一个"播放记忆"的隐形标签，让视频播放具有"接着看"的断点续传功能。

5. 翻译软件的下载、安装和使用

（1）"有道词典"软件下载地址：http://cidian.youdao.com/beta/。

（2）软件下载后，根据向导完成该软件的安装和设置。

（3）打开翻译软件，并尝试其翻译功能，如图 20-8 所示。

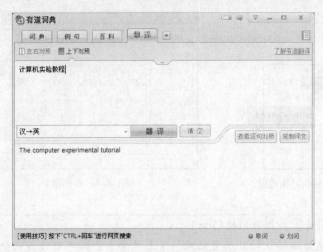

图 20-8　翻译界面

思　考　题

1. 利用 FlashGet 下载一步 20MB 大小的电影，利用《暴风影音》进行播放，截取 3 副图片保存在电脑桌面上。

2. 浏览实时新闻主页，打开一篇主页后，利用翻译软件，对主页内容实现中英文翻译。

实验二十一
Photoshop 平面设计（一）

实验目的

1. 熟悉和掌握 Photoshop 的操作界面，掌握工作环境的定制和优化。
2. 掌握图像处理的基本概念和图像文件的基本操作。
3. 掌握色彩色调的基本处理，熟悉对图层样式和图层效果的操作。
4. 培养学生在平面设计过程中的分析问题，解决问题的综合能力。

实验内容

Photoshop（下面阐述简称为 PS）是 Adobe 公司旗下最为出名的图像处理软件之一，集图像扫描、编辑修改、图像制作、广告创意，图像输入与输出于一体的图形图像处理软件，深受广大平面设计人员和电脑美术爱好者的喜爱。下面针对新手的常见问题，进行解释。

问：请问怎么向 PS 加字体？

答：PS 使用的是 windows 系统的字体。在 windows/fonts/安装新字体就可以了。

问：用 PS 设计出一个效果图打印到 A4 纸上，但是我不知道在 PS 新建这个文件的尺寸（也就是定义该文档的长宽各是多少比较合适），打印时分辨率又该设为多少？

答：A4 幅面是 210mm*297mm，打印时我想要适当缩小一些，留出边距，PS 中分辨率一般为 72PPI。

问：在 PS 中，每次打开一副图都是背景锁定的，怎么去除？

答：用魔棒选中背景删掉，然后存成 GIF 即可。

问：请教在 PS 中怎样使图片的背景透明？

答：PS 里打开的每一副图片，其背景层都是锁住不能删除的，但是你可以双击它，把它变成普通层。这样的话你就可以对它进行编辑。

问：图片中有 "www.×××.com" 或其他内容，我想把它去掉怎么办呢？

答：方法有很多种，在 PS 里面用裁切工具把不要的地方裁切掉；用图章工具把颜色覆盖在不要的地方；在不要的地方填上颜色然后打上你的名字或其他信息。

问：用 PS 打印图片时，为了更好的效果，是否要把图片由 RGB 格式转为 CMYK 格式？图片的分辨率应设为多少？72 的分辨率和 300 的分辨率分别适用在什么情况下？

答：用 PS 打印图片时，最好把图片的模式改成 RGB，因为打印机的油墨是按照 RGB 的颜色来调配的。一般图片打印分辨率只要 72PPI 就足够了。72 分辨率的图片一般是用在网上的，因为72 的分辨率的图片是显示图片，它只要让显示器能显示图片颜色就可以了，而 300 的分辨率的图片使用在印刷的效果上。

问：如何用 PS 将图片淡化？

答：1. 改变图层的透明度，100%为不透明。2. 减少对比度，增加亮度。3. 用层蒙版。4. 如果要将图片的一部分淡化可用羽化效果。

问：怎样把做好的方框拉成别的形状？

答：把做好的方形变成选区，把选区变成工作路径，然后添加节点，就能变成其他形状。

操作练习题

实例 1：艺术照片，见图 21-1。

图 21-1　艺术照片

准备相框模板的素材和头像处理的图片，通过下面的步骤，最终处理的效果图如图 21-1 所示。

1. 打开相框模板（如图 21-2 所示），选择魔棒工具，设置"容差"为"20"，勾选"连续"，选择小矩形照片窗口，按 Delete 键删除白色背景使之透明，如图 21-3 所示。

图 21-2　相框模板

图 21-3　"魔棒"

2. 使用魔棒工具，选择相框左边的白色区域，按"Ctrl+Alt+ R"组合快捷键，执行"羽化"命令，打开"羽化"对话框（如图 21-4 所示），设置"羽化半径"为"2.0"像素，最后按 Delete 键删除白色背景使之透明，按"Ctrl+D"组合键取消选区。

3. 使用矩形选框工具选择三张照片上的头像，使他们分别移到三个小矩形窗口中，按"Ctrl+T"组合键，调整相片大小，使之适应矩形窗口，如图 21-5 所示。

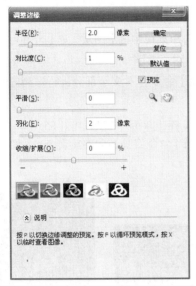

图 21-4 "羽化"

图 21-5 选择三个头像

4. 图层调整前的位置如图 21-6 所示，调整后的图层叠放顺序如图 21-7 所示，最终效果如图 21-1 所示。

图 21-6 图层调整前

图 21-7 图层调整后

实例 2：特效字。

特效字制作完成的最终效果如图 21-8 所示，详细步骤如下所示。

1. 新建一个图像，图像大小及分辨率等数如图 21-9 所示，特别注意要将背景层填充为黑色。

图 21-8 特效字

图 21-9 新建文件

2. 选择文工具，将前景色设置为橙色，输入文字"火焰"，如图 21-10 所示。

3. 复制文字图层，单击图层缩略图，隐藏其备用。选择菜单中的【图层】→【合并可见图层】命令，将可见图层合并为一层。

4. 选择菜单中的【滤镜】→【模糊】→【高斯模糊】命令，对文字部分进行适当虚化处理，如图 21-11 所示。

5. 下面用【风】滤镜将文字的火焰吹出来。但因为【风】滤镜只能左右吹而不能上下吹，所以将图层像旋转 90°。选择菜单中的【图像】→【旋转画布】命令将画布向左旋转 90°，如图 21-12 所示。

图 21-10　输入文字　　　　　　　图 21-11　"高斯模糊"　　　　　图 21-12　"旋转画布"

6. 选择菜单中的【滤镜】→【风格化】→【风】命令，将文字火焰吹出来。如果火焰较短，可以反复重复执行此滤镜，如图 21-13 所示。

7. 重新选择菜单中的【图像】→【旋转画布】命令，将画布向右旋转 90°，使其重新旋转回来，如图 21-14 所示。

8. 火焰显得灰暗，需要调节火焰的对比度。选择菜单中的【图像】→【调整】→【亮度/对比度】命令（亮度 54，对比度 93），完成对比度的调整，如图 21-15 所示。

图 21-13　风滤镜的效果　　　　　图 21-14　"旋转画布"　　　　　图 21-15　"亮度/对比度"

9. 选择菜单中的【图像】→【调整】→【曲线】命令（见图 21-16），并注意将通道设为红色，调整曲线后，火焰便更加逼真了，如图 21-17 所示。

10. 选择菜单中的【滤镜】→【扭曲】→【波纹】命令，给火焰加入【波纹】滤镜，选择的大小为"中"，文字火焰出现了飘动的感觉，如图 21-18 所示。

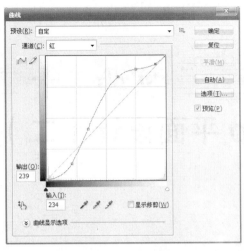

图 21-16　命令设置

图 21-17　"曲线"

11.　显示先前隐藏备用的文字图层。在图层控制面板中的单击"图层样式"图标按钮，为文字增加图层效果。火焰字的最后效果如图 21-18 所示。

图 21-18　对火焰进行扭曲

实验二十二
Photoshop 平面设计（二）

实验目的

1. 了解 Photoshop 图像处理的基本概念和基本思想。
2. 掌握图像处理工具的基本方法及技巧。
3. 比较熟练地应用 Photoshop 进行平面设计。
4. 培养学生搜集资料、阅读资料和应用资料的能力。
5. 培养学生的审美观、主动性和创造性。

实验内容

问：怎样使一个图片和另一个图片很好地融合在一起（包括看不出图像的边缘）？

答：首先选中图片，实行羽化，然后反选，再按 Delete 键，这样就可以把图片边缘羽化。为了达到好的融合效果，你可以把羽化的像素值设定的大点，同时还可以多按几次 DELETE，那样融合的效果更好。接着在图片上添加蒙版，或者选羽化的喷枪对图片进行羽化，同样能达到融合的效果。最后别忘了把层的透明度降低，效果会更好。

问：在 PS 中写入文字，怎样选取文字的一部分？

答：把文字层转换成图层，然后在层面版上按住 Ctrl 键，用鼠标点击转换成图层的文字层就能选中全部文字，然后按住 Alt 键，就会出现"＋－"的符号，然后选中不需要的文字，那么留下的就是需要的文字。

问：怎样使文字边缘填充颜色或渐变色？

答：文字边缘填充颜色，可描边功能。如要给文字边缘使用渐变色，先新建一个透明层，然后选中文字，然后在图层中选中透明层，实行描边功能，然后把描边的层变成选区，填上渐变色即可。

问：怎么做一个很自然的阳光的效果？

答：PS 滤镜里有一个光照效果，再加上光晕效果就能实现。

问：PS 中如何将一幅图分割为若干块？

答：PS 6.0 里面有一个专用的裁切工具，你可以使用它来完成分割，并输出为 JPG 或 GIF 等格式。

问：用直线工具画一个直线后，怎样设置直线由淡到浓的渐变？

答：用直线工具画出直线后，先要把它变成选区，填充渐变色，选前景色到渐变透明。接着在直线上添加蒙版，或者用羽化喷枪把尾部喷淡，也可达到由淡到浓的渐变。

问：PS 下什么方法可以很快画出虚线 （包括曲线）？

答：在笔刷的属性里，把笔刷的圆形压扁，然后将笔刷的间隔距离拉大，这样就可以画出虚线。可以先做一个你要用的形状的路径，然后调整笔刷的 spacing 的值，描边路径就可以产生曲线。

问：请教用 PS 做的图片如果要把其中的层和历史记录都保存下来，应存为什么格式?

答：保存为 PS 的默认格式 PSD 就能保存其中的图层。历史记录是无法保存的，除非你把所需要的哪个记录在历史面版中用新快照保存下来，每次只能保存一个记录。

操作练习题

收集素材，进行广告设计，本实验主要以楼盘户外广告设计为题材，效果如图 22-1 所示，通过下面步骤实现。

1. 启动 PS，按下"Ctrl+N"组合键新建对话框，设置"宽度"为20厘米，"高度"为10厘米，"分辨率"为300DPI，名称为"图例 1"的文件，如图 22-2 所示。

图 22-1　设计效果图

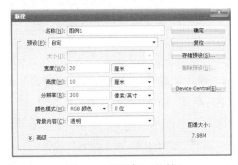

图 22-2　"新建"对话框

2. 按下 D 键，将工具箱的前景色和背景色设置为默认黑白色，然后执行"滤镜→渲染→云彩"命令，得到如图 22-3 所示效果。

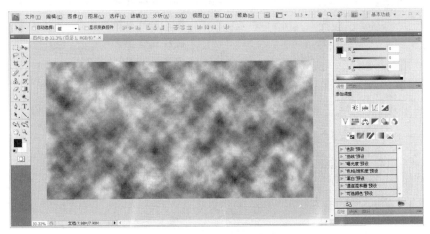

图 22-3　"渐变工具"效果图

3. 执行"滤镜→艺术效果→调色刀"命令，打开"调色刀"对话框（如图 22-4 所示），设置

"描边大小"为50，"线条细节"为3，"软化度"为0。

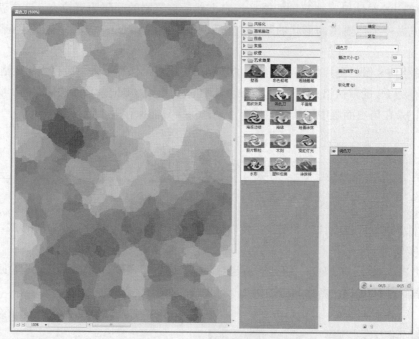

图 22-4　"调色刀"对话框

4. 执行"滤镜→艺术效果→调色刀"命令，单击"调色刀"对话框底部的"新建效果图层"按钮 ，新建一个效果层，在"艺术效果"列表中选择"壁画"，设置"画笔大小"为 4，"画笔细节"为 8，"纹理"为 2。单击"确定"按钮后效果如图 22-5 所示。

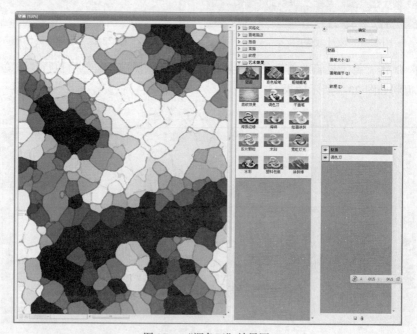

图 22-5　"调色刀"效果图

5. 执行"滤镜→艺术效果→壁画"命令，单击"壁画"对话框底部的"新建效果图层"按钮，新建一个效果层，然后在"扭曲"列表中选择"玻璃"，在"玻璃"对话框中设置"扭曲度"为 9 和"平滑度"为 4，其他参数不变，单击"确定"按钮后效果如图 22-6 所示。

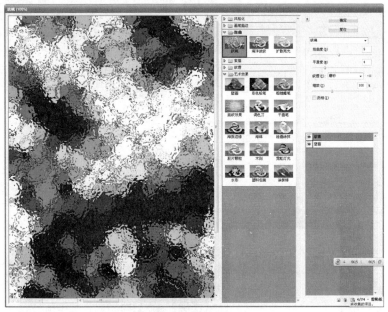

图 22-6 "扭曲"效果图

6. 在"图层"面板中左键双击"背景"图层，在弹出的"新建图"对话框中设置模式为"正片叠底"（如图 22-7 所示），然后按下"Ctrl+S"组合快捷键将"图例 1.psd"存储起来。

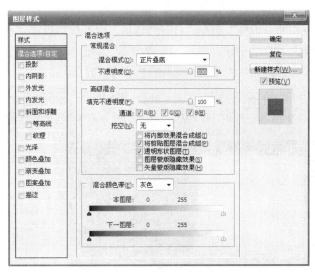

图 22-7 "正片叠底"模式设置

7. 按下"Ctrl+N"组合快捷键打开"新建"对话框，设置"宽度"为 20 厘米，"高度"为 10 厘米，"分辨率"为 300 像素/英寸，名称为"楼盘户外广告设计"的文件，如图 22-8 所示。

8. 新建"图层 1"，设置前景色为墨绿色（R:0 G:58 B:36）（如图 22-9 所示），填充"图层 1"。

9. 使用矩形选框工具创建一个矩形选区，按下 Delete 键删除选区中的图像，然后按下"Ctrl+D"组合键取消选区，效果如图 22-10 所示。

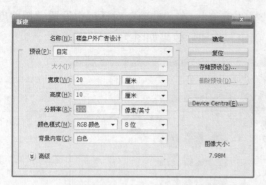

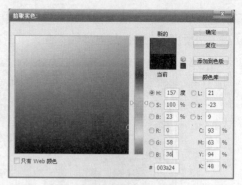

图 22-8 "楼盘户外广告设计"的文件

图 22-9 "前景色"设置

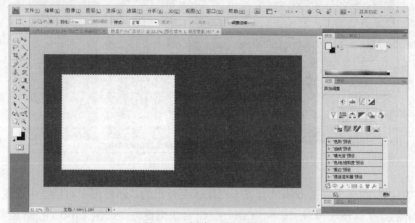

图 22-10 创建"矩形选区"

10. 执行"滤镜→扭曲→置换"命令,打开"置换"对话框,设置"水平比例"和"垂直比例"为 20,单击"确定"按钮,弹出"选择一个置换图"对话框,选择前面存储的"图例 1.psd"文件,单击"确定"按钮,得到如图 22-11 所示的艺术边框效果。

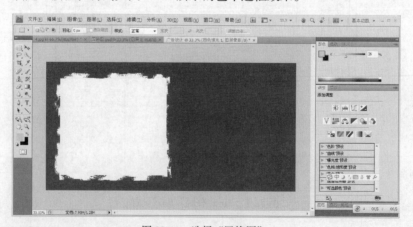

图 22-11 选择"置换图"

11. 打开素材文件"楼盘.jpg"文件,使用移动工具将图片移动到"楼盘户外广告设计"文件中,按下"Ctrl+T"组合快捷键调整图片的比例,然后按下 Enter 键确定。

12. 在"图层"面板中,将"图层 2"拖曳到"图层 1"的下面,即可使图像透过艺术边框显示出来,效果如图 22-12 所示。

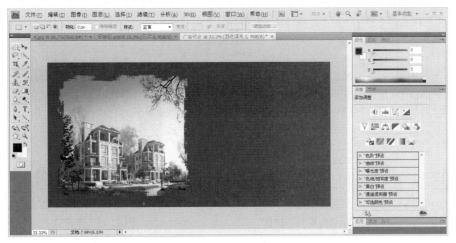

图 22-12　图像显示效果

13．选择"图层 2"，执行"图像→调整→曲线"命令，打开"曲线"对话框，调整曲线如图 22-13 所示，使图像变暗，效果如图 22-14 所示。

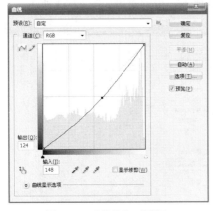

图 22-13　"曲线"对话框

图 22-14　图像效果

14．在"图层 1"上双击鼠标左键，弹出"图层样式"对话框，选择"斜面与浮雕"效果的"纹理"选项，设置参数如图 22-15 所示，效果如图 22-16 所示。

图 22-15　"纹理"参数

图 22-16　图像效果

15．双击"图层 2"打开"图层样式"对话框，选择"内发光"效果，设置参数如图 22-17 所示，颜色为绿色，得到如图 22-18 所示效果图。

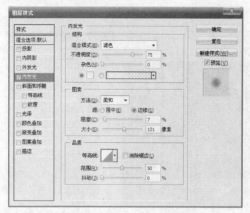

图 22-17 "内发光"参数   图 22-18 图像效果

16. 打开素材文件"TRUST"图标文件，用移动工具将图标图像拖曳到"楼盘户外广告设计"文件，得到"图层 3"，调整其大小和位置。

17. 双击"图层 3"打开"图层样式"对话框，选择"斜面和浮雕"效果，设置参数如图 22-19 所示；继续选择"渐变叠加"，设置参数如图 22-20 所示，得到效果如图 22-21 所示。

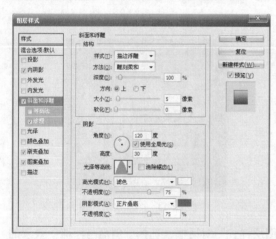

图 22-19 "斜面和浮雕"参数   图 22-20 "渐变叠加"参数

18. 选择文字工具，在图像上输入广告文字，设置文字颜色为黄绿色（R:139 G:176 B:39），"温泉之都 桂香丽景"的字体属性设置如图 22-22 所示，其他文字的字体书香设计如图 22-23 所示，户外广告设计制作完成，最终效果图如 22-1 所示。

图 22-21 图像效果   图 22-22 文字属性 1   图 22-23 文字属性 2

第二部分
习题与参考答案

第一章
计算机基础知识习题

一、单项选择题

1. 世界上第一台电子计算机使用的逻辑部件是（　　　）。
   A. 集成电路　　　　　　　　　　　B. 大规模集成电路
   C. 晶体管　　　　　　　　　　　　D. 电子管

2. 第四代计算机的主要元器件采用的是（　　　）。
   A. 小规模集成电路　　　　　　　　B. 晶体管
   C. 电子管　　　　　　　　　　　　D. 大规模和超大规模集成电路

3. 冯·诺依曼计算机工作原理的设计思想是（　　　）。
   A. 程序编制　　　B. 存储程序　　　C. 程序设计　　　D. 算法设计

4. 操作系统是一种对计算机（　　　）进行控制和管理的系统软件。
   A. 文件　　　　　B. 资源　　　　　C. 软件　　　　　D. 硬件

5. 下面列出 4 种存储器中，易失性存储器是（　　　）。
   A. RAM　　　　　B. PROM　　　　C. ROM　　　　　D. CD-ROM

6. 微型计算机存储系统中，PROM 是（　　　）。
   A. 动态随机存取存储器　　　　　　B. 可读写存储器
   C. 只读存储器　　　　　　　　　　D. 可编程只读存储器

7. 办公自动化是计算机的一项应用，按计算机应用的分类，它属于（　　　）。
   A. 辅助设计　　　B. 实时控制　　　C. 数据处理　　　D. 科学计算

8. 在进位计数制中，当某一位的值达到某个固定量时，就要向高位产生进位，这个固定量就是该种进位计数制的（　　　）。
   A. 尾数　　　　　B. 阶码　　　　　C. 原码　　　　　D. 基数

9. 计算机硬件能直接识别和执行的只有（　　　）。
   A. 符号语言　　　B. 高级语言　　　C. 汇编语言　　　D. 机器语言

10. 下列叙述中，错误的是（　　　）。
    A. 把源程序转换为目标程序的过程叫编译
    B. 把数据从内存传输到硬盘叫写盘
    C. 应用软件对操作系统没有任何要求
    D. 计算机内部对数据的传输、存储和处理都使用二进制

11. 下列字符中，ASCII 码值最小的是（　　　）。
    A. Y　　　　　　B. A　　　　　　C. x　　　　　　D. a

12. 微型计算机中使用最普遍的字符编码是（　　　）。

　　A. 国际码　　　　　B. EBCDIC 码　　C. BCD 码　　　　　D. ASCII

13. 关于 CPU，以下说法错误的是（　　　）。

　　A. CPU 是中央处理器的英文简称　　　B. CPU 是电脑的核心部件

　　C. CPU 是运算器和控制器的合称　　　D. CPU 由运算器和内存组成

14. 能把汇编语言源程序翻译成目标程序的程序，称为（　　　）。

　　A. 编译程序　　　　　　　　　　　B. 编辑程序

　　C. 解释程序　　　　　　　　　　　D. 汇编程序

15. 计算机中存储信息的最小单位是（　　　）。

　　A. byte　　　　　B. 字节　　　　　C. 字　　　　　　D. bit

16. 软磁盘在格式化时，被划分成一定数量的同心圆磁道，其中 0 磁道位于（　　　）。

　　A. 软盘上的中部磁道

　　B. 软盘上最外圈的磁道

　　C. 软盘上最内圈的磁道

　　D. 在软盘上的位置由格式化时指定或计算机随机选定

17. 下列存储设备中存取周期最短的是（　　　）。

　　A. 内存储器　　　　　　　　　　　B. 硬盘存储器

　　C. 光盘存储器　　　　　　　　　　D. 软盘存储器

18. 目前，制造计算机所用的电子器件是（　　　）。

　　A. 集成电路　　　　　　　　　　　B. 晶体管

　　C. 电子管　　　　　　　　　　　　D. 大规模和超大规模集成电路

19. 标准的汉字内码的字节数（　　　）。

　　A. 8　　　　　　B. 4　　　　　　C. 2　　　　　　D. 1

20. 微型计算机属于（　　　）计算机。

　　A. 第一代　　　　B. 第二代　　　　C. 第三代　　　　D. 第四代

21. 二进制数 1001101.0101 对应的八进制数为（　　　），对应的十六进制数为（　　　）。

　　A. 115.24　　4D.5　　　　　　　B. 461.24　　4D.5

　　C. 461.21　　5D.5　　　　　　　D. 115.21　　4D.5

22. 在计算机应用领域里，（　　　）是其最广泛的应用方面。

　　A. 过程控制　　　　　　　　　　　B. 计算机辅助系统

　　C. 数据处理　　　　　　　　　　　D. 科学计算

23. 下面各种数制的数中，最大的数是（　　　）。

　　A. （1101011）$_2$　　B. （45）$_{10}$　　　C. （74）$_8$　　　　D. （3A）$_{16}$

24. 计算机软件一般可以分为系统软件和应用软件两大类，其中系统软件的核心是（　　　）。

　　A. 语言处理程序　　B. 操作系统　　C. 软件工具　　　D. 诊断程序

25. 存储器的容量 1GB 是表示（　　　）。

　　A. 1024　　　　B. 1 024KB　　　C. 1 024K　　　D. 1 024MB

26. Linux 是一种（　　　）。

　　A. 鼠标驱动程序　　　　　　　　　B. 操作系统

　　C. 字处理系统　　　　　　　　　　D. 数据库管理系统

27. 与十六进制数 AB 等值的十进制数是（　　　）。

    A. 171　　　　B. 177　　　　C. 176　　　　D. 188

28. 大写字母 B 的 ASCII 码值是（　　　）。

    A. 41H　　　　B. 66　　　　C. 65　　　　D. 97

29. 计算机中所有信息的存储都采用（　　　）。

    A. 十进制　　　　B. 十六进制　　　　C. ASCII 码　　　　D. 二进制

30. 下列叙述中错误的一条是（　　　）。

    A. 微型计算机不受强磁场的干扰

    B. 在使用别人的磁盘时通常要检查是否有病毒

    C. 软盘写保护以后，磁盘上的信息将不能删除

    D. 微型计算机机房湿度不宜太大

31. 要运行有一个程序文件时，它必须被装到（　　　）。

    A. RAM　　　　B. EPROM　　　　C. CD-ROM　　　　D. ROM

32. 在计算机技术中采用二进制，其主要原因是（　　　）。

    A. 由计算机电路所采用的器件决定，计算机采用了具有两种稳定状态的二值电路

    B. 二进制数表示简单，学习容易

    C. 二进制数运算最简单

    D. 最早设计计算机的人随意决定

33. DOS 系统的磁盘目录结构采用的是（　　　）。

    A. 索引结构　　　　B. 表格结构　　　　C. 网状结构　　　　D. 树型结构

34. CPU 直接访问的存储器是（　　　）。

    A. 内存　　　　B. 光盘　　　　C. 磁盘　　　　D. 硬盘

35. 一个 16×16 的汉字字形码在计算机内占（　　　）个字节。

    A. 2　　　　B. 16　　　　C. 32　　　　D. 64

36. 操作系统是（　　　）的接口。

    A. 主机与外设　　　　　　　　B. 用户与计算机

    C. 高级语言与低级语言　　　　D. 系统软件与应用软件

37. 若要用二进制数表示 100 个字符，则需要（　　　）位。

    A. 10　　　　B. 7　　　　C. 6　　　　D. 10 000

38. 十进制数 8 000 转换为等值的八进制数为（　　　）。

    A. 15 700　　　　B. 17 500　　　　C. 1 750　　　　D. 175 000

39. 能进行逻辑操作的部件是（　　　）。

    A. 累加器　　　　B. 寄存器　　　　C. 控制器　　　　D. 运算器

40. 微型计算机中的内存储器，通常采用（　　　）。

    A. 光存储器　　　　　　　　B. 磁表面存储器

    C. 半导体存储器　　　　　　D. 磁芯存储器

41. 微型计算机键盘上的 Tab 键是（　　　）。

    A. 退格键　　　　B. 控制键　　　　C. 交替换档键　　　　D. 制表定位键

42. 硬盘工作时要特别注意避免（　　　）。

    A. 潮湿　　　　B. 震动　　　　C. 噪声　　　　D. 日光

43. 计算机中，一个浮点数由两部分组成，它们是（　　　）。

    A. 阶码和尾数 　　　　　　　　　B. 基数和尾数

    C. 阶码和基数 　　　　　　　　　D. 整数和小数

44. C 语言编译器是一种（　　　）。

    A. 系统软件 　　　　　　　　　　B. 字处理软件

    C. 计算机操作系统 　　　　　　　D. 源程序

45. WPS 和 Word 等字处理软件属于（　　　）。

    A. 网络软件 　　　B. 管理软件 　　　C. 应用软件 　　　D. 系统软件

46. 下面是关于解释程序和编译程序的论述，其中正确的一条是（　　　）。

    A. 编译程序和解释程序均不能产生目标程序

    B. 编译程序和解释程序均能产生目标程序

    C. 编译程序能产生目标程序，而解释程序不能产生目标程序

    D. 编译程序不能产生目标程序，而解释程序能产生目标程序

47. 下列各组设备中，全部属于输入设备的一组是（　　　）。

    A. 键盘、鼠标和显示器 　　　　　B. 键盘、扫描仪

    C. 键盘、磁盘和打印机 　　　　　D. 硬盘、打印机和键盘

48. 防止软盘感染病毒的有效方法是（　　　）。

    A. 对软盘进行写保护 　　　　　　B. 不要把软盘和有病毒的软盘放在一起

    C. 定期对软盘进行格式化 　　　　D. 保持软盘的清洁

49. 能直接与 CPU 交换信息的存储器是（　　　）。

    A. 软盘 　　　B. 硬盘 　　　C. CD-ROM 　　　D. 内存

50. 6 位无符号二进制数能表示的最大十进制整数是（　　　）。

    A. 64 　　　B. 63 　　　C. 31 　　　D. 32

51. Pentium Ⅲ /500 微型计算机 CPU 的时钟频率是（　　　）。

    A. 250kHz 　　　B. 500MHz 　　　C. 500kHz 　　　D. 250MHz

52. 从电脑销售广告语:PIV3.0/1G/256M/120G/17C 中说明硬盘容量多大（　　　）。

    A. 1GB 　　　B. 256MB 　　　C. 120GB 　　　D. 17GB

53. 所谓"裸机"指的是（　　　）。

    A. 单板机 　　　　　　　　　　　B. 单片机

    C. 只装备操作系统的计算机 　　　D. 不安装任何软件的计算机

54. 下列叙述中，正确的是（　　　）。

    A. 微型计算机的字长不一定是字节的倍数

    B. 目前广泛使用的 Pentium 机字长为 5 个字节

    C. 计算机存储器中将 8 个相邻的二进制位作为一个单位，这种单位成为字节

    D. 字长通常用英文单词"bit"来表示

55. "计算机辅助制造"的常用英文缩写是（　　　）。

    A. CAI 　　　B. CAD 　　　C. CAT 　　　D. CAM

56. 微型计算机中使用的数据库属于（　　　）。

    A. 辅助设计方面的计算机应用 　　B. 过程控制方面的计算机应用

    C. 数据处理方面的计算机应用 　　D. 科学计算方面的计算机应用

57. 在计算机内部，数据是以（　　　）形式加工、处理和传送的。

    A. 二进制码   B. 十六进制码

    C. 八进制码   D. 十进制码

58. 微型计算机中使用的鼠标是连接在（　　　）。

    A. 并行接口上的   B. 显示器接口上的

    C. 打印机接口上的   D. 串行接口或者 USB 接口上的

59. 下列关于计算机基础知识的描述中，正确的一条是（　　　）。

    A. 字长 32 位的计算机是指能计算最大为 32 位十进制数的计算机

    B. 存储器必须在电源电压正常时才能存取信息

    C. 微型计算机是指体积微小的计算机

    D. 防止软盘感染计算机病毒的方法是定期对软盘进行格式化

60. 微型计算机的内存主要包括（　　　）。

    A. RAM 和 ROM   B. CD-ROM 和 DVD

    C. PROM 和 EPROM   D. SRAM 和 DROM

61. 一条计算机指令中规定其执行功能的部分称为（　　　）。

    A. 目标地址码   B. 操作码   C. 源地址码   D. 数据码

62. 下面是与地址有关论述，其中有错的一条是（　　　）。

    A. 地址寄存器是用来存储地址的寄存器

    B. 地址总线上除了用来传送地址信息外，不可以用于传输控制信息和其他信息

    C. 地址总线上除了用来传送地址信息外，也可以用于传输控制信息和其他信息

    D. 地址码是指令中给出源操作数地址或运算结果的目的地址的有关信息

63. 在计算机领域中通常用 MIPS 来描述（　　　）。

    A. 计算机的运算速度   B. 计算机的可运行性

    C. 计算机的可靠性   D. 计算机的可扩充性

64. 在微型计算机内存储器中，内容由生产厂家事先写好的是（　　　）。

    A. SRAM   B. DRAM   C. ROM   D. RAM

65. 科学计算的特点是（　　　）。

    A. 计算量大，数据范围广   B. 计算相对简单

    C. 数据输入输出量大   D. 具有良好的实时性和高可靠性

66. 下列设备中，既能向主机输入数据又能接收由主机输出数据的是（　　　）。

    A. 光笔   B. 显示器

    C. 软磁盘驱动器   D. CD-ROM

67. 下列设备中，属于输出设备的是（　　　）。

    A. 扫描仪   B. 键盘   C. 绘图仪   D. 鼠标

68. 在计算机领域中，通常用英文单词"Byte"来表示（　　　）。

    A. 字长   B. 字   C. 二进制位   D. 字节

69. 为了避免混淆，十六进制数在书写时，常加在后面的字母是（　　　）。

    A. H   B. D   C. O   D. B

70. 某工厂的仓库管理系统属于（　　　）。

    A. 系统软件   B. 应用软件   C. 工具软件   D. 字处理软件

71. 下面关于常用术语的叙述中, 有错误的一条是 (　　)。

　　A. 光标是显示屏上指示位置的标志

　　B. 汇编语言是一种面向机器的低级程序设计语言, 而用汇编语言编写的源程序计算机能直接执行

　　C. 总线是计算机系统中各部件之间传输信息的公共通路

　　D. 读写磁头既能从磁表面存储器读出信息又能把信息写入磁表面存储器

72. 微型计算机中的 ROM 是 (　　)。

　　A. 随机存储器　　　　　　　　　　B. 只读存储器

　　C. 顺序存储器　　　　　　　　　　D. 高速缓冲存储器

73. 微型计算机硬件系统中最核心的部件是 (　　)。

　　A. 硬盘　　　　B. CPU　　　　C. 内存储器　　　　D. I/O 设备

74. 微型计算机的主机包括 (　　)。

　　A. UPS 和内存储器　　　　　　　B. CPU 和内存储器

　　C. CPU 和 UPS　　　　　　　　　D. 运算器和显示器

75. 在计算机应用中, "计算机辅助设计"的英文缩写为 (　　)。

　　A. CAD　　　　B. CACHE　　　　C. CAM　　　　D. CAT

76. 微型计算机中的 RAM 是 (　　)。

　　A. 随机存储器　　B. 只读存储器　　C. 顺序存储器　　D. 高速缓冲存储器

77. 微型计算机中存储数据的 1 字节=8 (　　)。

　　A. KB　　　　　B. 字　　　　　C. 位　　　　　D. 字长

78. 微型计算机中, I/O 设备的含义是 (　　)。

　　A. 输入设备　　　　　　　　　　　B. 输出设备

　　C. 输入/输出设备　　　　　　　　　D. 控制设备

79. CPU 中有一个程序计数器, 它用于 (　　)。

　　A. 下一条要执行的指令的内容　　　B. 正在执行的指令的内容

　　C. 正在执行的指令的内存地址　　　D. 产生下一条要执行的指令的内存地址

80. 组成微型计算机的基本硬件的 5 个部分是 (　　)。

　　A. CPU、内存、外存、键盘和打印机

　　B. 外设、CPU、寄存器、主机和总线

　　C. 运算器、控制器、存储器、输入设备和输出设备

　　D. 运算器、控制器、主机、输入设备和输出设备

81. 微型计算机中, 控制器的基本功能是 (　　)。

　　A. 进行算术运算和逻辑运算

　　B. 输出运算结果

　　C. 存储各种控制信息

　　D. 向其他部件发出控制信号, 控制机器各个部件协同工作

82. 执行二进制算术加运算 11001001+00100111 的结果是 (　　)。

　　A. 00000001　　B. 11110000　　C. 11101111　　D. 10100010

83. 计算机对数据进行加工及处理的部件, 通常称为 (　　)。

　　A. 控制器　　　　B. 运算器　　　　C. 程序　　　　D. 存储器

84. 在微型计算机内存储器中，不能用指令修改其存储内容的部分是（　　　）。

    A. RAM　　　　　　B. SRAM　　　　　　C. ROM　　　　　　D. DRAM

85. 运算器的主要功能是（　　　）。

    A. 实现算术运算和逻辑运算

    B. 保存各种指令信息供系统其他部件使用

    C. 按主频指标的规定发出时钟脉冲

    D. 分析指令并进行译码

86. 下列叙述中，正确一条是（　　　）。

    A. 假若 CPU 能向外传输出 20 位地址，则它能直接访问的存储空间可达 1MB

    B. 若 PC 在使用过程中突然断电，DRAM 中存储的信息不会丢失

    C. 若 PC 在使用过程中突然断电，SRAM 中存储的信息不会丢失

    D. 外存储器中的信息可以直接被 CPU 处理

87. 数字字符"1"的 ASCII 的十进制表示为 49，那么数字字符"8"的 ASCII 码的十进制表示为（　　　）。

    A. 56　　　　　　　B. 60　　　　　　　C. 58　　　　　　　D. 54

88. 为解决某一特定问题而设计的指令序列称为（　　　）。

    A. 文档　　　　　　B. 语言　　　　　　C. 程序　　　　　　D. 系统

89. 若在一个非 0 无符号二进制整数右边加 2 个"0"形成一个新的数，则新数的值是原数的（　　　）。

    A. 4 倍　　　　　　B. 2 倍　　　　　　C. 二分之一　　　　　　D. 四分之一

90. CRT 指的是（　　　）。

    A. 阴极射线管显示器　　　　　　　　B. 等离子显示器

    C. 液晶显示器　　　　　　　　　　　D. 以上说法都不对

二、填空题

1. 3072KB=_____MB，1572864KB=_____GB。

2. 计算机软件主要分为_____和_____。

3. 计算机总线分为数据总线、_____和_____。

4. 计算机之父冯·诺依曼提出了_____的思想。

5. 若在计算机工作状态下重启，可采用热启动，即同时按下_____三个键。

6. 微型计算机的运算器由算术逻辑运算部件、_____和_____组成。

7. 文件名的通配符"？"代表_____，"*"代表_____。

8. 常见的微型计算机外存储器包括_____、_____和软盘等。

9. 内存中每个用于数据存取的基本单元都被赋予一个唯一的编号，它被称为_____。

10. 未来计算机的发展趋势包括_____、_____、_____和网络化。

11. 在 CPU 中，用来暂时存放数据和指令等各种信息的部件是_____。

12. CPU 执行一条指令所需要的时间被称为_____。

13. 显示器的分辨率是_____和_____的乘积。

14. 计算机对外界实施控制，必须将机内的数字信息转换成模拟量，而这一过程被称为_____转换。

15. 微处理器能直接识别并执行的计算机语言是_____。

16. 一个二进制数从右向左数第 8 位上的 1 相当于 2 的_____次方。

17. 计算机病毒具有破坏性、传染性、_____、_____和欺骗性。

18. 计算机应用从大的方面来分，可以分为_____和_____两大类。

19. 存储程序把_____和_____存入_____中，这是计算机能够自动、连续工作的先决条件。

20. 用计算机汇编语言编制的程序称为_____，它经过_____的加工和翻译后成为计算机可执行的目标程序。

21. 内存储器可分为_____、_____两部分。

22. 多媒体技术的主要特征包括_____、_____和_____和数字化等。

23. 正确的打字指法键将左手食指放在字母_____上方，右手食指放在字母_____上方。

24. 目前微型计算机使用的硬盘大多采用温彻斯特技术，所以有时硬盘又叫_____。

25. 请从 Internet 上检索资料，当前世界上运算速度最快的超级计算机是由_____国家（或者公司）制造，名字是_____，其最快运行速度是_____。

第二章
Windows XP 操作系统习题

一、单项选择题

1. Windows XP 是一种（　　　）。
   A. 字处理软件　　　　B. 操作系统　　　　C. 工具软件　　　　D. 图形软件

2. Windows XP "桌面"指的是（　　　）。
   A. 整个屏幕　　　　B. 活动窗口　　　　C. 某个窗口　　　　D. 全部窗口

3. 关于 Windows XP 说法，正确的是（　　　）。
   A. 使用 Windows 时，必须要有 MS-DOS 的支持
   B. Windows 是迄今为止使用最为广泛的应用软件
   C. Windows 是一种单任务操作系统
   D. 以上说法都不正确

4. 用 Windows XP 自带的画图程序建立的文件，其默认扩展名是（　　　）。
   A. XLS　　　　B. DOC　　　　C. TXT　　　　D. BMP

5. 以下所列的系统软件中，只有（　　　）不是多任务操作系统。
   A. Windows 2000　　B. DOS 系统　　C. Linux　　D. Windows NT

6. 按照操作方式，Windows XP 系统相当于（　　　）。
   A. 分布式系统　　　　B. 批处理系统　　C. 实时系统　　D. 分时系统

7. 当一个应用窗口被最小化后，该应用程序将（　　　）。
   A. 继续在前台执行　　B. 被暂停执行　　C. 被终止执行　　D. 被转入后台执行

8. 在 Windows XP 中，为保护文件不被修改，可将它的属性设置为（　　　）。
   A. 只读　　　　B. 系统　　　　C. 隐藏　　　　D. 存档

9. 在 Windows XP 中，错误的新建文件夹的操作是（　　　）。
   A. 在"资源管理器"窗口中，单击"文件"菜单中的"新建"子菜单中的"文件夹"命令
   B. 在 Word 程序窗口中，单击"文件"菜单中的"新建"命令
   C. 右击资源管理器的"文件夹内容"窗口的任意空白处，然后选择快捷菜单中的"新建"子菜单中的"文件夹"命令
   D. 在"我的电脑"的某驱动器或用户文件夹窗口中，单击"文件"菜单中的"新建"子菜单中的"文件夹"命令

10. 下列关于文档窗口的说法中正确的是（　　　）。
    A. 只能打开一个文档窗口

B. 可以同时打开多个文档窗口，但在屏幕上只能见到一个文档窗口

C. 可以同时打开多个文档窗口，但其中只有一个是活动窗口

D. 可以同时打开多个文档窗口，被打开的窗口都是活动窗口

11. 下列操作中，可在当前输入法与英文输入法相互切换的是（　　）。

    A. ALT+F 功能键   B. Ctrl+空格键

    C. Ctrl +Shift 组合键   D. Shift+空格键

12. 拥有计算机并以拨号方式接入网络的用户必须要使用（　　）。

    A. CD-ROM   B. 电话机   C. 鼠标   D. Modem

13. 键盘上的 Ctrl 是控制键，它（　　）其他键盘配合使用。

    A. 总是与   B. 不需要与   C. 有时与   D. 和 ALT 键一起再与

14. 用鼠标右键单击"我的电脑"，并在弹出的快捷菜单中选择"属性"，可以直接打开（　　）。

    A. 系统特性   B. 硬盘信息   C. 控制面板   D. C 盘信息

15. 在 Windows XP 中用鼠标选定不连续文件的操作是（　　）。

    A. 单击第一个文件，然后单击另一个文件

    B. 双击第一个文件，然后双击另一个文件

    C. 单击第一个文件，然后按住 Shift 键单击另一个文件

    D. 单击第一个文件，然后按住 Ctrl 键单击另一个文件

16. Windows 是单用户多任务的图形界面操作系统，而 DOS 是（　　）操作系统。

    A. 单用户单任务的字符界面   B. 多用户单任务的字符界面

    C. 单用户多任务的字符界面   D. 多用户多任务的字符界面

17. 在记事本的编辑状态，进行"页面设置"操作时，应当使用（　　）菜单中的命令。

    A. 文件   B. 格式   C. 打印   D. 编辑

18. 汉字输入法中（　　）是无重码的。

    A. 全拼输入法   B. 智能 ABC   C. 区位码   D. 五笔字型

19. 想计算机在工作状态下重新启动，可采用热启动，即同时按下（　　）组合键。

    A. Ctrl + Shift +Del   B. Ctrl +Alt +Del

    C. Ctrl +Break   D. Ctrl +Alt +Break

20. 下列关于"快捷方式"的说法中，错误的是（　　）。

    A. 可以在桌面上创建打印机的快捷方式

    B. 快捷方式的图标可以更改

    C. 可以使用快捷方式作为打开程序的捷径

    D. 无法给文件夹创建快捷方式

21. 在 Windows XP 中，各个应用程序之间交换信息的公共数据通道是（　　）。

    A. 我的文档   B. 我的公文包   C. 剪贴板   D. 回收站

22. Windows XP 提供了长文件名命名方法，一个文件名的长度最多达到（　　）个字符。

    A. 256   B. 128   C. 8   D. 255

23. 根据文件命名规则，下列字符串中合法文件名是（　　）。

    A. con.bat   B. #ask?.sbc   C. adc*.FNT   D. saq/.txt

24. 在 Windows XP "资源管理器"的左窗口中，单击文件夹图标将（　　）。

    A. 在左窗口中显示其子文件夹

B. 删除该文件夹中的文件

C. 在左窗口中扩展该文件夹

D. 在右窗口中显示该文件夹中的子文件夹和文件

25. 当已选定文件夹后，下列操作中不能删除该文件夹的是（　　　）。

　　A. 在文件菜单中选择"删除"命令

　　B. 用鼠标右键单击该文件夹，再打开快捷菜单，然后选择删除命令

　　C. 在键盘上按 Del 键

　　D. 用鼠标左键双击该文件夹

26. 要在 Windows XP 中修改日期或时间，则应运行（　　　）程序的"日期/时间"选项。

　　A. 资源管理器　　　　　　　　　　　B. 计算器

　　C. 控制面板　　　　　　　　　　　　D. 附件

27. 有关创建文件夹的正确说法是（　　　）。

　　A. 无法在软盘中创建文件夹

　　B. 不能在桌面上创建文件夹

　　C. 在文档的"另存为"对话框中也可创建文件夹

　　C. 无法在资源管理器的浏览窗口中新建文件夹

28. 在下面四句话中，最能准确反映计算机主要功能的是（　　　）。

　　A. 计算机可以存储大量的信息　　　　B. 计算机可以代替人的脑力劳动

　　C. 计算机是一种信息处理机　　　　　D. 计算机可以实现高速运算

29. 在 Windows XP 中，要将软盘上选定的文件移动到硬盘上，正确的操作是（　　　）。

　　A. 用鼠标左键拖动后，再选择"移动到当前位置"

　　B. 用鼠标右键拖动后，再选择"移动到当前位置"

　　C. 按住 Alt 键，再用键盘右键拖动

　　D. 按住 Ctrl 键，再用键盘左键拖动

30. 在 Windows XP 默认情况下，下列操作中与剪贴板无关的是（　　　）。

　　A. 粘贴　　　　　　B. 复制　　　　　　C. 剪切　　　　　　D. 删除

31. 计算机能够自动、准确和快速地按照人们的意图进行运行的最基本思想是（　　　），这个思想是（　　　）提出的。

　　A. 采用 CPU 作为中央核心部件、帕斯卡

　　B. 采用超大规模集成电路、图灵

　　C. 采用操作系统、布尔

　　D. 存储程序和程序控制、冯·诺依曼

32. 在 Windows XP 中，可以由用户设置的文件属性为（　　　）。

　　A. 只读、系统和隐藏　　　　　　　　B. 存档、系统和隐藏

　　C. 只读、存档和隐藏　　　　　　　　D. 系统、只读和存档

33. Windows XP 操作系统是一个真正 32 位系统，它能对（　　　）内存实施动态管理。

　　A. 64MB　　　　　B. 32MB　　　　　C. 1GB　　　　　D. 4GB

34. 用来实现汉字字形表示的方法，一般可分为（　　　）两大类。

　　A. 点阵式与矢量式　　　　　　　　　B. 网络式与矢量式

　　C. 点阵式与网络式　　　　　　　　　D. 矢量式与向量式

35. 汉字处理系统中的字库文件可用来解决（　　　）的问题。
    A. 使用者输入的汉字在机内的存储　　B. 汉字识别
    C. 输入时的键位编码　　　　　　　　D. 输出时转换为显示或打印字模

36. 在 Windows XP 的菜单中，选中末尾带有省略号（…）的菜单项（　　　）。
    A. 将执行该菜单命令　　　　　　　　B. 将弹出下一级菜单
    C. 表明该菜单项已被选用　　　　　　D. 将弹出一个对话框

37. 菜单命令前带有对号"√"的表示（　　　）。
    A. 选择该命令弹出一个下拉子菜单　　B. 该命令无效
    C. 该选项已经选用　　　　　　　　　D. 选择该命令后出现对话框

38. 若一台计算机的字长为 4 个字节，则它（　　　）。
    A. 能处理的数值最大为 4 位十进制数 9999
    B. 在 CPU 中运行的结果最大为 2 的 32 次方
    C. 在 CPU 中作为一个整体加以传送处理的代码为 32 位
    D. 能处理的字符串最多由 4 个英文字母组成

39. 在 Windows XP 的"资源管理器"窗口右部，若已单击了第一个文件，又按住 Ctrl 键并单击了第五个文件，则（　　　）。
    A. 有 0 个文件被选中　　　　　　　　B. 有 1 个文件被选中
    C. 有 5 个文件被选中　　　　　　　　D. 有 2 个文件被选中

40. 在 Windows XP "资源管理器"窗口右部，在已选定了所有文件的情况（如果要取消其中几个文件的选定，应进行的操作是（　　　）。
    A. 按住"Shift"键，再用鼠标左键依次单击各个要取消选定的文件
    B. 按住"Ctrl"键，再用鼠标左键依次单击各个要取消选定的文件
    C. 用鼠标左键依次单击各个要取消选定的文件
    D. 用鼠标右键依次单击各个要取消选定的文件

41. 在 Windows XP "资源管理器"窗口中，若希望显示文件的名称、类型、大小等信息，则应该选择"查看"菜单中的（　　　）。
    A. 列表　　　　　B. 详细信息　　　　C. 小图标　　　　D. 大图标

42. 在 Windows XP "资源管理器"窗口中，其左部窗口中显示的是（　　　）。
    A. 当前打开的文件夹名称　　　　　　B. 系统的树形文件夹结构
    C. 当前打开的文件夹名称及其内容　　D. 当前打开的文件夹的内容

43. 在 Windows XP 中，下列操作中不能用"资源管理器"对选定的文件或文件夹进行更名的是（　　　）。
    A. 单击"文件"菜单中的"重命名"菜单命令
    B. 右键单击要更名的文件或文件夹，再选择快捷菜单中的"重命名"菜单命令
    C. 快速双击要更名的文件或文件夹
    D. 间隔双击要更名的文件或文件夹，并键入新名字

44. 在 Windows XP 中，实现窗口移动的操作是（　　　）。
    A. 将鼠标指针指向任何位置，并拖动鼠标
    B. 将鼠标指针指向边框，并拖动鼠标
    C. 将鼠标指针指向标题栏，并拖动鼠标

D. 将鼠标指针指向菜单栏，并拖动鼠标

45. 有关 Windows XP 控制面板中"显示器"的"外观"选项卡，（　　）是正确的。

A. 只能改变桌面的颜色　　　　　　　B. 只能改变窗口和对话框颜色

C. 能改变许多屏幕元素的颜色　　　　D. 只能改变桌面和窗口边框的颜色

46. 在 Windows XP 中，对同时打开的多个窗口进行层叠排列后，这些窗口的显著特点是（　　）。

A. 部分窗口的标题栏不可见　　　　　B. 每个窗口的标题栏全部可见

C. 每个窗口的内容全部可见　　　　　D. 每个窗口的部分标题栏可见

47. 对 Windows XP，下列叙述中正确的是（　　）。

A. 在不同的磁盘间不能用鼠标拖动文件名的方法实现文件的移动

B. Windows XP 为每一个任务自动建立一个显示窗口，其位置和大小不能改变

C. Windows XP 的操作只能用鼠标

D. Windows XP 打开的多个窗口，既可平铺，也可层叠

48. 在 Windows XP 下，硬盘中被逻辑删除或暂时删除的文件被放在（　　）。

A. 根目录下　　　B. 回收站　　　C. 光驱　　　　D. 控制面板

49. 在 Windows XP 中，呈灰色显示的菜单意味着（　　）。

A. 该菜单当前不能选用　　　　　　　B. 选中该菜单后将弹出对话框

C. 该菜单正在使用　　　　　　　　　D. 选中该菜单后将弹出下级子菜单

50. Windows XP 中能更改文件名的操作是（　　）。

A. 用鼠标右键单击文件名，然后选择"重命名"，键入新文件名后按回车键

B. 用鼠标右键双击文件名，然后选择"重命名"，键入新文件名后按回车键

C. 用鼠标左键单击文件名，然后选择"重命名"，键入新文件名后按回车键

D. 用鼠标左键双击文件名，然后选择"重命名"，键入新文件名后按回车键

51. 在 Windows XP 的"资源管理器"窗口中，为了将选定的硬盘上的文件或文件夹移动到软盘，应进行的操作是（　　）。

A. 先执行"编辑"菜单下的"剪切"命令，再执行"编辑"菜单下的"粘贴"命令

B. 用鼠标左键将它们从硬盘拖动到软盘

C. 先将它们删除并放入"回收站"，再从"回收站"中恢复

D. 用鼠标右键将它们从硬盘拖动到软盘，并从弹出的菜单中选择"移动到当前位置"

52. "资源管理器"中部的窗口分隔条（　　）。

A. 可以移动　　　B. 自动移动　　　C. 不可以移动　　　D. 以上说法都不对

53. 在"资源"管理器中关于图标排列不正确的描述是（　　）。

A. 按大小：按文件和文件夹大小次序排列图标，并且文件排在先

B. 按类型：按扩展名的字典次序排列图标

C. 按名称：按文件夹和文件名的字典次序排列图标

D. 按日期：按修改日期排列，且小日期在先

54. 在 Windows XP 中，下列（　　）操作可运行一个应用程序。

A. 用鼠标右键单击该应用程序名

B. 执行"开始"菜单中的"文档"命令

C. 用鼠标左键双击该应用程序名

55. 在 Windows XP 的"资源管理器"左部窗口中，若显示的文件夹图标前带有加号（+），则该文件夹（　　）。

    A. 含有下级文件夹   B. 是空文件夹

    C. 仅含有文件   D. 不含下级文件夹

56. 图标是 Windows XP 操作系统中的一个重要概念，主要指（　　）。

    A. 应用程序   B. 文档或文件夹

    C. 设备或其他的计算机   D. 以上都正确

57. 在 Windows XP 中，下列关于"回收站"的叙述，（　　）是正确的。

    A. 不论从硬盘还是软盘上删除的文件都可以用"回收站"恢复

    B. 用"Shift + Del"组合键从硬盘上删除的文件可用"回收站"恢复

    C. 用 Del 键从硬盘上删除的文件可用"回收站"恢复

    D. 不论从硬盘还是软盘上删除的文件都不能用"回收站"恢复

58. 在 Windows XP 中，要弹出"显示属性"对话框以进行显示器的设置，则应（　　）。

    A　用鼠标右键单击"我的电脑"窗口空白处，并在弹出的快捷菜单中选择"属性"项

    B. 用鼠标右键单击桌面空白处，并在弹出的快捷菜单中选择"属性"项

    C. 用鼠标右键单击"任务栏"窗口空白处，并在弹出的快捷菜单中选择"属性"项

    D. 用鼠标右键单击"资源管理器"窗口空白处，并在弹出的快捷菜单中选择"属性"项

59. 在 Windows XP 中，下列关于"任务栏"的叙述，（　　）是错误的。

    A. 任务栏可以移动

    B. 可以将任务栏设置为自动隐藏

    C. 通过任务栏上的按钮，可实现窗口之间的切换

    D. 在任务栏上，只显示当前活动窗口名

60. 在 Windows XP 中为了重新排列桌面上的图标，首先应进行的操作是（　　）。

    A. 用鼠标右键单击桌面空白处   B. 用鼠标右键单击已打开窗口的空白处

    C. 用鼠标右键单击"任务栏"空白处 D. 用鼠标右键单击"开始"空白处

61. 在 Windows XP 中，回收站是（　　）。

    A. 软盘上的一块区域   B. 硬盘上的一块区域

    C. 内存中的一块区域   D. 高速缓存中的一块区域

62. 在资源管理器的驱动器内，按下鼠标左键后拖动某一对象，结果将（　　）。

    A. 移动该对象   B. 无任何结果   C. 删除该对象   D. 复制该对象

63. 对 Windows XP 系统，下列叙述中错误的是（　　）。

    A. 桌面上可同时容纳多个窗口   B. 可同时运行多个程序

    C. 可支持鼠标操作   D. 可运行所有的 DOS 应用程序

64. 系统安装 Windows XP 并启动后，由系统安排在桌面上的图标是（　　）。

    A. Microsoft FoxPro   B. 回收站

    C. 资源管理器   D. Microsoft Word

65. 若删除了 Windows XP 桌面上某个应用程序快捷方式的图标，则（　　）。

    A. 该应用程序连同其图标一起被删除

B. 该应用程序连同其图标一起被隐藏

C. 只删除了图标，而对应的应用程序被保留

D. 只删除了该应用程序，而对应的图标被隐藏

66. 下列创建新文件夹操作中错误的是（　　　）。

    A. 在"资源管理器"的"文件"菜单中选择"新建"命令

    B. 在 MS-DOS 方式下用 MD 命令

    C. 用"我的电脑"确定磁盘或上级文件夹，然后选择"文件"菜单中的"新建"命令

    D. 在"开始"菜单中，选择"运行"命令，再执行 MD

67. Windows XP 中，不能在"任务栏"内进行的操作是（　　　）。

    A. 排列和切换窗口　　　　　　　　　B. 排列桌面图标

    C. 设置系统日期的时间　　　　　　　D. 启动"开始"菜单

68. 下列关于 Windows XP 对话框的叙述中，错误的是（　　　）。

    A. 对话框的位置可以移动，但大小不能改变

    B. 对话框是提供给用户与计算机对话的界面

    C. 对话框的位置和大小都不能改变

    D. 对话框中可能会出现滚动条

69. 在 Windows XP 中，打开"资源管理器"窗口后，要改变文件或文件夹的显示方式，应选用（　　　）。

    A. "帮助"菜单　　　　　　　　　　　B. "查看"菜单

    C. "编辑"菜单　　　　　　　　　　　D. "文件"菜单

70. 在中文 Windows XP 的输入中文标点符号状态下，按下列（　　　）键可以输入中文标点符号顿号"、"。

    A. /　　　　　　　　　　　　　　　　B. &

    C. \　　　　　　　　　　　　　　　　D. .

71. 在 Windows XP 中，要改变屏幕保护程序的设置，应首先双击控制面板窗口中的（　　　）。

    A. "多媒体"图标　　　　　　　　　　B. "显示"图标

    C. "系统"图标　　　　　　　　　　　D. "键盘"图标

72. 在中文 Windows XP 中，使用软键盘可以快速地输入各种特殊符号，但要撤销弹出的软键盘，则应（　　　）。

    A. 用鼠标右键单击中文输入法状态窗口中的"开启/关闭键盘"按钮

    B. 用鼠标右键单击软键盘上的 Esc 键

    C. 用鼠标左键单击软键盘上的 Esc 键

    D. 用鼠标左键单击中文输入法状态窗口中的"开启/关闭键盘"按钮

73. 在 Windows XP 资源管理器中，在按下 Shift 键的同时执行删除某文件的操作是（　　　）。

    A. 将文件放入下一层文件夹　　　　　B. 将文件直接删除

    C. 将文件放入上一层文件夹　　　　　D. 将文件放入回收站

74. 在 Windows XP 中有两个管理系统资源的程序组，它们是（　　　）。

    A. "控制面板"和"开始"菜单　　　　B. "资源管理器"和"控制面板"

    C. "我的电脑"和"资源管理器"　　　D. "我的电脑"和"控制面板"

75. 在 Windows XP 中，关于一个已经最大化的窗口，叙述错误的是（　　）。

　　A. 该窗口可以被还原　　　　　　B. 该窗口可以移动

　　C. 该窗口可以被最小化　　　　　D. 该窗口可以被关闭

76. 下列叙述中，正确的是（　　）。

　　A. Windows XP 的任务栏的大小是不能改变的

　　B. "开始"菜单只能用鼠标单击"开始"按钮才能打开

　　C. "开始"菜单是系统生成的，因此用户不能再设置它

　　D. Windows XP 的任务栏可以放在桌面的 4 个边的任意一边上

77. 在 Windows XP 中将信息传送到剪贴板不正确的方法是（　　）。

　　A. 用"剪切"命令把选定的对象送到剪贴板

　　B. 用"复制"命令把选定的对象送到剪贴板

　　C. 用"Ctrl+V"组合键把选定的对象送到剪贴板

　　D. 用"Alt + PrintScreen"组合键把当前窗口送到剪贴板

78. 在 Windows XP 的"资源管理器"窗口左部，单击文件夹图标左侧的减号后，屏幕下显示结果的变化是（　　）。

　　A. 该文件夹的下级文件被显示在窗口左部

　　B. 窗口左部显示的该文件夹的下级文件夹将消失

　　C. 该文件夹的下级文件夹被显示在窗口右部

　　D. 窗口右部显示的该文件夹的下级文件夹将消失

79. 下列关于 Windows XP 窗口的叙述中，错误的是（　　）。

　　A. 窗口的位置可以移动，但大小不能变

　　B. 同时打开的多个窗口可以重叠排列

　　C. 窗口的位置和大小都可以改变

　　D. 窗口是应用程序运行的工作区

80. 在 Windows XP 的回收站中，可以恢复（　　）。

　　A. 从硬盘中删除的文件或文件夹　　　B. 剪切掉的文档

　　C. 从软盘中删除的文件或文件夹　　　D. 从光盘中删除的文件或文件夹

81. "显示器属性"对话框中下列描述错误的是（　　）。

　　A. "外观"选项卡用来设置对象的颜色、大小和字体等

　　B. "背景"选项卡用来设置桌面的背景图案和墙纸

　　C. "设置"选项卡用来设置分辨率、调色板的颜色和改变显示器类型等

　　D. "效果"选项卡用来设置屏幕保护程序

82. 在写字板应用程序中，不存在的"段落对齐"方式是（　　）。

　　A. 右对齐　　　　　　　　　　　B. 左对齐

　　C. 两端对齐　　　　　　　　　　D. 居中

83. 下列叙述错误的一条是（　　）。

　　A. 附件下的"记事本"是纯文本编辑器

　　B. 附件下"写字板"也是纯文本编辑器

　　C. 使用附件下的"画图"工具绘制的图片可以被设置为桌面背景

　　D. 附件下的"写字板"提供了在文档中插入声频和视频信息等对象的功能

84. Windows XP 用来和用户进行信息交换的是（　　　）。

    A. 菜单　　　　　　B. 应用程序　　　C. 对话框　　　　　D. 工具栏

85. 要在 Windows XP 中生成启动盘则在（　　　）对话框中选择"启动盘"标签，再单击"创建启动盘…"按钮。

    A. "添加/删除程序属性"　　　　　　B. "设备"

    C. "资源管理器"　　　　　　　　　　D. "系统"

86. 在记事本的编辑状态，进行"设置字体"操作时，应当使用哪个菜单中的命令？（　　　）

    A. 搜索　　　　　　B. 编辑　　　　　C. 文件　　　　　　D. 格式

87. 在 Windows XP 中，用户同时打开的多个窗口可以层叠式或平铺式排列。要想改变窗口的排列方式，应进行的操作是（　　　）。

    A. 用鼠标右键单击"任务栏"空白处，然后在弹出的快捷菜单中选取要排列的方式

    B. 先打开"资源管理器"窗口，在选择其中的"查看"菜单下的"排列图标"项

    C. 用鼠标右键单击桌面空白处，然后在弹出的快捷菜单中选取要排列的方式

    D. 先打开"我的电脑"窗口，选择其中"查看"菜单下的"排列图标"项

88. Windows XP 应用环境中鼠标的拖动操作不能完成的是（　　　）。

    A. 当窗口有滚动条时可以实现窗口内容的滚动

    B. 当窗口最大时，可以将窗口缩小成图标

    C. 当窗口不是最大时，可以移动窗口的位置

    D. 可以将一个文件移动（或复制）到另一个目录中去

89. 当鼠标指针移到窗口边框上变为（　　　）时，拖动鼠标就可以改变窗口大小。

    A. 四方向箭头　　　B. 双向箭头　　　C. 小手　　　　　　D. 十字

90. 在 Windows XP 中，对同时打开的多个窗口进行平铺式排列后，参加排列的窗口为（　　　）。

    A. 所有已打开的窗口　　　　　　　　B. 用户指定的窗口

    C. 当前窗口　　　　　　　　　　　　D. 除已最小化的所有 DOS 应用程序

二、填空题

1. 在 Windows XP 中，为了弹出"显示属性"对话框，应用鼠标右键单击桌面空白处，然后在弹出的快捷菜单中选择＿＿＿＿＿项。

2. 用 Windows XP 的"记事本"所创建文件的缺省扩展名是＿＿＿＿＿。

3. 在 Windows XP 的"资源管理器"窗口中，为了显示文件或文件夹的详细资料，应使用窗口栏上的＿＿＿＿＿菜单。

4. 用户刚输入的信息在保存以前，被存放在＿＿＿＿＿中，为了防止其断电后丢失，应在关机前将信息保存到＿＿＿＿＿中。

5. 在 Windows XP 中，通过"开始"菜单中的"运行"项输入"cmd"，进入 MS-DOS 方式，欲重新返回 Windows XP，可使用＿＿＿＿＿热键。

6. 要排列桌面上的图标对象则用鼠标＿＿＿＿＿键单击桌面，再在弹出的快捷菜单中选取＿＿＿＿＿或"对齐图标"命令即可。

7. 在 Windows XP 的"资源管理器"窗口中，为了使具有隐藏属性的文件或文件夹不显示出来，首先应进行的操作是选择＿＿＿＿＿菜单中的"文件夹选项"。

8. 在 Windows XP 中，利用控制面板卸载应用程序的途径为＿＿＿＿＿。

9. 在 Windows XP 的"回收站"窗口中，要想恢复选定的文件或文件夹，可以使用"文件"

菜单中的_____命令。

10. "剪切"、"复制"、"粘贴"、"全选"操作的快捷键分别是_____、_____、_____、_____。

11. 在"键盘属性"对话框中，选择_____选项卡，然后对_____调整后实现对键盘重复率的设置。

12. 用户当前正在使用的窗口为_____窗口，而其他窗口为_____窗口。

13. 在"鼠标属性"对话框的"移动"选项卡中，可以调整鼠标指针的_____，并确定是否显示_____。

14. 在 Windows XP 中，若用户刚刚对文件夹进行了重命名，则可按"Ctrl+_____"组合键来恢复原来的名字。

15. 在 Windows XP 中，对用户新建的文档，系统默认的属性为_____。

16. 和 Windows XP 系统相关的文件都放在_____文件夹及其子文件夹中，而应用程序默认都放在_____文件夹中。

17. 在 Windows XP 中如果要选取多个不连续文件，可以按住_____键后，再单击相应文件。

18. 在中文 Windows XP 中，为了添加某个中文输入法，应选择控制面板窗口中的"_____"选项。

19. 在 Windows XP 系统中，为了在系统自动启动后自动执行某个程序，应将该程序文件添加到_____文件夹中。

20. 在 Windows XP 的下拉式菜单显示约定中，浅灰色命令字符表示_____；若命令后跟三角形符号，则该命令被选中后会出现_____；若命令后跟"…"则该命令被选中后会_____。

21. 使用 Windows XP "写字板"创建文档时，若用户没有指定该文档的存放位置，则系统将该文档默认存放在_____文件夹中。

22. 点击"资源管理器"窗口中_____菜单上的_____命令可以退出资源管理器。

23. 在 Windows XP 中，_____组合键能将选定的文档放入剪贴板中。

24. Windows XP 中窗口与对话框的区别是窗口有_____按钮 、_____按钮而对话框没有。

25. 单击鼠标_____键一次，将出现_____方式菜单。

26. 移动文件夹时，按住鼠标_____键并拖动文件夹到目的位置后释放即可。

27. 在 Windows XP 中，要使用"添加/删除程序"功能，必须打开_____窗口。

28. 画图程序支持对象_____和_____技术。

29. Windows XP 是一个完全_____化的环境，其中最主要的_____设备或称交互工具是鼠标。

30. 写字板程序中的段落格式化主要有段落_____与段落_____两部分。

31. 启动 Windows XP 系统时，当内存检查结束后，立即按_____键，可直接进入 BIOS 设置。

32. 在 Windows XP 中，当用鼠标左键在不同驱动器之间拖动对象是，系统默认操作是_____。

33. 桌面是 Windows XP 面向用户的操作界面，也是放置系统硬件和_____资源的平台（均以图标形式出现）。

34. 按"Alt + Esc"组合键可以完成活动_____的切换。

35. Windows XP 允许同时运行_____个程序，而每个运行的应用程序都有一个对应的_____按钮出现在任务栏中。

36. 将鼠标指向任务栏其中的一个按钮，便会出现一个简单_____，说明此按钮的_____或应用程序的状态。

37. 要安装或卸载某个中文输入法，应先启动_____，再使用其中的_____功能。

38. 要显示工具栏，一般选择窗口中的"查看"菜单的_____命令。

39. 除了菜单栏中的菜单外，还有一种菜单称为_____菜单。

40. 用鼠标单击应用程序窗口的_____按钮，将导致应用程序运行_____，并且其任务按钮也将从任务栏上消失。

41. 用鼠标单击应用程序窗口的_____按钮，其窗口扩大到_____并且此时该按钮变成恢复按钮。

42. 在 Windows XP 中，"回收站"是_____中的一块区域。

43. 在 Windows XP 中，要弹出文件夹的快捷菜单，可将鼠标指向该文件夹，然后按_____键。

44. 在 Windows XP 中同样可以使用_____和_____作为通配符来查找文件。

45. 如果用户已经知道程序的名称和所在的文件夹路径，则可通过_____菜单中的_____命令来启动程序。

第三章
文字处理软件 Word 2007 习题

一、单项选择题

1. 若想要得到 Word 的帮助信息，可（　　）。
   A. 单击选项卡标签栏的"帮助"按钮　B. 按 F1 键
   C. 按 F11 键　　　　　　　　　　　D. A 和 B

2. 打开一个文档，并对其进行了修改，当进行"关闭"文档操作后（　　）。
   A. 文档将被关闭，但修改后的内容不能保存
   B. 文档不能关闭，并提示出错
   C. 文档将被关闭，并自动保存修改后的内容
   D. 将弹出对话框，并询问是否保存对文档的修改

3. 下列关于 Word 2007 表格功能的描述，正确的是（　　）。
   A. Word 2007 对表格的数据既不能进行排序，也不能进行计算
   B. Word 2007 对表格的数据不能进行排序，但能进行计算
   C. Word 2007 对表格的数据能进行排序，但不能进行计算
   D. Word 2007 对表格的数据既能进行排序，也能进行计算

4. Word 2007 的运行环境是（　　）。
   A. WPS　　　　　　B. DOS　　　　　C. Windows　　　　D. 高级语言

5. 在 Word 中打开两个文档，如果希望两个窗口的内容都能显示在屏幕上，应该执行（　　）命令。
   A. 自动更正　　　　B. 正文排列　　　C. 全部重排　　　　D. 拆分

6. 段落标记是在输入（　　）之后产生的。
   A. 分页符　　　　　B. Enter 键　　　C. Shift + Enter　　D. 句号

7. 在 Word 2007 的编辑状态下，选择文件中的一行然后按 Delete 键将（　　）。
   A. 删除被选择行及其后的所有内容
   B. 删除被选择的一行
   C. 删除插入点所在的行
   D. 删除插入点及其之前的所有内容

8. 打开一个 Word 文档，通常是指（　　）。
   A. 显示并打印出指定文档的内容
   B. 把文档的内容从磁盘调入内存，并显示出来
   C. 把文档的内容从内存中读入，并显示出来

    D. 为指定文件开设一个空的文档窗口

9. 在 Word 2007 中，文本框（   ）。

    A. 不可与文字叠放   B. 文字环绕方式多于两种

    C. 随着框内文本内容的增多而增大   D. 文字环绕方式只有两种

10. 在 Word 2007 编辑状态下，当前输入的文字显示在（   ）。

    A. 当前行尾部   B. 插入点

    C. 文件尾部   D. 鼠标光标处

11. 单击文档中的图片，产生的效果是（   ）。

    A. 启动图形编辑器进入图形编辑状态，并选中该图形

    B. 将该图形添加文本框

    C. 选中该图形

    D. 弹出快捷菜单

12. 关于把在 Windows 的其他软件环境中制作的图片复制到当前 Word 2007 文档中的操作，下列说法正确的是（   ）。

    A. 先打开 Word 2007 文档，然后直接在 Word 2007 环境下显示要复制的图片即可

    B. 可以通过剪贴板将其他软件的图片复制到当前 Word 2007 文档中

    C. 先在屏幕上显示要复制的图片，再打开 Word 2007 文档便可以使图片复制到 Word 2007 文档

    D. 不能将其他软件中制作的图片复制到当前 Word 2007 文档中

13. 在 Word 2007 文档编辑过程中，若要整个文本中的"计算机"都删除，最简单的方法是使用开始选项卡中的（   ）命令。

    A. 清除   B. 剪切   C. 撤销   D. 替换

14. 在 Word 2007 文档的编辑状态下，选择当前文档中的一个段落，再进行"清除"操作（或按 Del 键），则（   ）。

    A. 该段落被移到"回收站"内

    B. 该段落被删除，但能恢复

    C. 能利用"回收站"恢复被删除的该段落

    D. 该段落被删除且不能恢复

15. 在 Word 2007 文档中，有关"样式"命令，以下说法正确的是（   ）。

    A. "样式"命令只适用于纯英文文档中

    B. "样式"命令在"插入"选项卡中

    C. "样式"命令在"开始"选项卡中

    D. "样式"只适用于文字，不适用于段落

16. 在 Word 2007 文档的编辑状态下，执行两次"剪切"操作后，则剪贴板中（   ）。

    A. 有两次被剪切的内容   B. 仅有第二次剪切的内容

    C. 仅有第一次被剪切的内容   D. 无内容

17. 撤销最后一个动作，除了使用快速访问工具栏"撤销"按钮以外，还可以使用快捷键（   ）。

    A. Shift+X   B. Shift+Y   C. Ctrl+W   D. Ctrl+Z

18. 在 Word 中对文档内容做复制操作的第一步是（   ）。

    A. 按 Ctrl+V   B. 选择文本对象   C. 按 Ctrl+C   D. 光标定位

19. 在 Word 2007 文档的编辑状态中，为了把不相邻的两段文字交换位置，可以采用的方法是（　　）。

    A. 粘贴　　　　　　　　　　　　B. 剪切

    C. 复制+粘贴　　　　　　　　　　D. 剪切+粘贴

20. 在 Word 的编辑状态下，下列有关删除文字的说法中不正确的是（　　）。

    A. 对选中的一些文字，按 Delete 键删除后不可以恢复，按"Ctrl+X"组合键删除后可以恢复

    B. 按退格键可删除光标左边的字符，按 Delete 键可删除光标右边的字符

    C. 选中一些文字后，按 Delete 键和按"Ctrl+X"组合键具有相同的效果

    D. 选中一些文字后，按 Delete 键或按退格键，都可以删除选中的文字

21. 在编辑 Word 2007 文档时，要保存正在编辑的文件但不关闭或退出，则可按（　　）组合键来实现。

    A. Ctrl+S　　　　B. Ctrl+N　　　　C. Ctrl+V　　　　D. Ctrl+O

22. 在 Word 2007 的默认状态下，有时会在某些英文文字下方出现红色的波浪线，这表示（　　）。

    A. 语法错误　　　　　　　　　　B. 该文字本身自带下划线

    C. Word 2007 字典中没有该单词　　D. 该处有附注

23. 在 Word 2007 文档的编辑状态下，打开一个文档，并进行"保存"操作后，该文档将（　　）。

    A. 被保存在原文件夹下　　　　　　B. 可以保存在已有的其他文件夹下

    C. 保存后被关闭　　　　　　　　　D. 保存在新建文件夹下

24. 以下有关"自动更正"功能的叙述中，正确的是（　　）。

    A. 它可以理解缩写文字，并进行翻译　B. 它可以自动扩展任意缩写文字

    C. 它可以检查任何错误　　　　　　　D. 它可以自动扩展定义过的缩写文字

25. 利用 Word 状态栏上的"显示比例"按钮，可以实现（　　）。

    A. 字符字体的放大　　　　　　　　B. 字符字体的缩放

    C. 字符字体的缩小　　　　　　　　D. 上述 3 项均不正确

26. 在 Word 中，下列关于设置页边距的说法，错误的是（　　）。

    A. 页边距的设置只影响当前页

    B. 用户可以使用"页面设置"对话框来设置页边距

    C. 用户可以使用标尺来调整页边距

    D. 用户既可以设置左、右边距，又可以设置上、下边距

27. 现有前后两个段落且段落格式不同的文字，若删除前一个段落末尾的结束标记，则（　　）。

    A. 仍为两段，且段落格式不变

    B. 两个段落会合并为一段，原先各格式均丢失而采用文档的默认段落格式

    C. 两段文字合并为一段，并采用原来前一段的段落格式

    D. 两段文字合并为一段，并采用原来后一段的段落格式

28. Word 2007 文档中插入一张空表，当列宽设为"自动"时，系统的处理方法是（　　）。

    A. 根据预先设定的缺省值确定　　　B. 设定列宽为 10 个字符

    C. 设定列宽为 10 个汉字　　　　　D. 根据列数和页面设定的宽度自动计算确定

29. 在 Word 2007 中，如果要复制已选定文字的格式，则可使用功能区中的（　　）按钮。

    A."粘贴"　　　B."格式刷"　　　C."复制"　　　D."恢复"

30. Word 2007 文档中，每个段落都有自己的段落标记，而段落标记的位置在（　　　）。

  A. 段落中用户找不到的位置　 B. 段落的结尾处

  C. 段落的中间位置　 D. 段落的首部

31. 在 Word 2007 的编辑状态下，选择了文档全文，若在"段落"对话框中设置行距为 20 磅的格式，应当选择"行距"下拉列表框中的（　　　）。

  A. 多倍行距　 B. 1.5 倍行距　 C. 固定值　 D. 单倍行距

32. 在 Word 2007 文档编辑状态下，当鼠标在某行行首的左边，下列（　　　）操作可以仅选择光标所在的行。

  A. 单击鼠标左键　 B. 三击鼠标左键

  C. 单击鼠标右键　 D. 双击鼠标左键

33. 关于 Word 2007 文档的插入表格命令，下列说法中错误的是（　　　）。

  A. 只能是 2 行 3 列　 B. 可以自动套用格式

  C. 行列数可调　 D. 能调整行、列宽

34. 要在 Word 2007 文档中，只能显示水平标尺的是（　　　）。

  A. 普通视图　 B. 打印预览　 C. 大纲视图　 D. 页面视图

35. 在 Word 2007 文档中插入分页符，可以使用的操作是（　　　）。

  A. "插入"→"页码"　 B. "开始"→"字体"

  C. "插入"→"分页"　 D. "插入"→"符号"

36. 在 Word 2007 文档中，可以显示页眉和页脚的视图方式是（　　　）。

  A. 大纲视图　 B. 普通视图　 C. 页面视图　 D. 全屏幕显示

37. 某编码方案用 8 位二进制数对颜色进行编码，最多可表示（　　　）种颜色。

  A. 1024　 B. 10　 C. 1000　 D. 256

38. 在 Word 2007 文档的编辑状态下，打开文档 ABC，并在修改后将其另存为 ABD，则此时文档 ABC（　　　）。

  A. 被文档 ABD 覆盖　 B. 被修改并关闭

  C. 被修改未关闭　 D. 未被修改被关闭

39. 在 Word 的编辑状态下，进行字体设置操作后，按新设置的字体显示的文字是（　　　）。

  A. 文档的全部文字　 B. 插入点所在行的文字

  C. 文档中被选中的文字　 D. 插入点所在段落的文字

40. 如果想自动生成目录，那么应在文档中包含（　　　）样式。

  A. 页眉　 B. 表格　 C. 页脚　 D. 标题

41. 在 Word 中，默认的对齐方式是（　　　）。

  A. 右边对齐　 B. 两端对齐　 C. 居中对齐　 D. 左边对齐

42. 在 Word 2007 中，点击 Office 按钮可以看到用户最近使用过的文档列表，而此列表中文档的个数最多可设置为（　　　）个。

  A. 4　 B. 10　 C. 50　 D. 100

43. 在 Word 2007 的编辑状态中，使插入点快速移动到文档末尾的操作是（　　　）。

  A. Ctrl +End　 B. Alt +End　 C. PageUp　 D. PageDown

44. 在 Word 2007 文档中，图文框（　　　）。

  A. 文字环绕方式只有两种　 B. 可创建水印

C. 文字环绕方式多于两种　　　　　　　D. 可与文字叠放

45. Word 2007 文档最多可同时打开的文档数是（　　　）。

　　A. 64 个　　　　　　　　　　　　　　B. 9 个

　　C. 255 个　　　　　　　　　　　　　　D. 任意多个，仅受内存容量的限制

46. 在 Word 2007 文档中，不能改变叠放次序的对象是（　　　）。

　　A. 文本　　　　　B. 图形　　　　　C. 图片　　　　　D. 文本框

47. 在 Word 2007 文档的编辑状态中，将剪贴板上的内容粘贴到当前光标处，使用的快捷键是（　　　）。

　　A. Ctrl +C.　　　　B. Ctrl +V　　　　C. Ctrl +X　　　　D. Ctrl +A

48. 在 Word 2007 文档的编辑状态下，视图选项卡中的"全部重排"按钮的作用是将所有打开的文档窗口（　　　）。

　　A. 按页序编码　　　　　　　　　　　B. 折叠起来

　　C. 层层嵌套　　　　　　　　　　　　D. 在屏幕上并排平铺所有打开的文档窗口

49. 在 Word 2007 文档的编辑状态下，选择一个段落并设置该段落的"首行缩进"设置为 1 厘米后，则（　　　）。

　　A. 文档中各段落的首行将只由"首行缩进"确定位置

　　B. 该段落的首行起始位置将距离页面的左边距 1 厘米

　　C. 该段落的首行起始位置将在段落的"左缩进"位置左边 1 厘米

　　D. 该段落的首行起始位置将在段落的"左缩进"位置右边 1 厘米

50. 进入 Word 2007 文档后，打开一个已有文档 W1，再进行"新建"操作，则（　　　）。

　　A. "新建"操作失败　　　　　　　　　B. W1 和新建文档均处于打开状态

　　C. W1 被关闭　　　　　　　　　　　　D. 新建文档被打开但 W1 被关闭

51. 在 Word 2007 文档的编辑状态下，对当前文档中的文字进行"字数统计"操作，应当使用的是（　　　）选项卡中的"字数统计"按钮。

　　A. 开始　　　　　　B. 视图　　　　　C. 引用　　　　　D. 审阅

52. 关于在"字体"对话框中对字符间距进行设置的错误叙述是（　　　）。

　　A. 字符的间距可以设置为标准、紧缩、加宽之一

　　B. 字符的间距的默认设置为标准

　　C. 可以为文字调整字间距

　　D. 不能对字符设置字符间距

53. 用鼠标拖动的方式进行文本复制，就要对所选文本（　　　）拖动鼠标到新的光标位置。

　　A. 按住 Shift 键的同时　　　　　　　B. 按住 Alt 键的同时

　　C. 按住 Ctrl 键的同时　　　　　　　D. 不按任何键

54. 用鼠标拖动的方式进行文本移动，就是要对所选文本（　　　）拖动鼠标到新的位置。

　　A. 按住 Shift 键的同时　　　　　　　B. 按住 Alt 键的同时

　　C. 按住 Ctrl 键的同时　　　　　　　D. 不按任何键

55. 在 Word 2007 文档的编辑状态下，在打印对话框的"页面范围"选项组中的"当前页"是指（　　　）。

　　A. 当前光标所在页　　　　　　　　　B. 当前窗口显示页

　　C. 最后 1 页　　　　　　　　　　　　D. 第 1 页

56. 在 Word 2007 文档的编辑状态下，建立了 4 行 4 列的表格，除第 4 行与第 4 列相交的单元格以外各单元格内均有数字，当插入点移到该单元格内后进行"公式"操作，则（　　）。

    A. 可以计算出其余列或行中数字的和　　B. 仅能计算出第 4 行中数字的和

    C. 仅能计算出第 4 列中数字的和　　　　D. 不能计算数字的和

57. 在 Word 2007 文档的编辑状态下，进行"替换"操作时，应当使用（　　）选项卡中的命令。

    A. 开始　　　　　B. 插入　　　　C. 引用　　　　D. 审阅

58. 在 Word 2007 文档的编辑状态下，按先后顺序依次打开了 d1、d2、d3 和 d4 四个文档，当前的活动窗口是（　　）。

    A. d1 的窗口　　　　　　　　　　　B. d2 的窗口

    C. d3 的窗口　　　　　　　　　　　D. d4 的窗口

59. 在 Word 2007 文档的编辑状态下，要设置精确的缩进，应当使用以下（　　）方式。

    A. 标尺　　　　　B. 样式　　　　C. 段落格式　　　D. 页面设置

60. 调整图片的大小可以用鼠标拖动图片四周任一控制点来实现，但只有拖动（　　）控制点才能使图片等比例缩放。

    A. 四角　　　　　B. 中心　　　　C. 上　　　　D. 下

61. 在 Word 2007 文档的编辑状态下，关于拆分表格，正确的说法是（　　）。

    A. 可以自己设定拆分的行列数　　　B. 只能将表格拆分为左右两部分

    C. 只能将表格拆分为上下两部分　　D. 只能将表格拆分为列

62. 在执行"查找"命令时，查找内容为"Off"，如果选择了（　　）复选框，那么"Office"将不会被查找到。

    A. 全字匹配　　　B. 模式匹配　　　C. 区分大小写　　D. 区分全/半角

63. 在 Word 2007 的编辑状态中，如果要输入数学符号∑，则需要使用的选项卡是（　　）。

    A. 开始　　　　　B. 插入　　　　C. 引用　　　　D. 加载项

64. 在 Word 2007 的编辑状态下，用只读方式打开文档，修改之后若要保存，可以使用的方法是（　　）。

    A. 更改文件属性

    B. 单击快速访问工具栏中的"保存"按钮

    C. 点击"Office 按钮"，选择"另存为"命令

    D. 点击"Office 按钮"，选择"保存"命令

65. Word 2007 程序自动启动后就自动打开一个名为（　　）的文档。

    A. untitled　　　　B. noname　　　C. 文件 1　　　D. 文档 1

66. 要将文档中一部分选定的文字移动到指定的位置，首先对它进行的操作是（　　）。

    A. 单击"开始"选项卡上的"粘贴"按钮

    B. 单击"开始"选项卡上的"格式刷"按钮

    C. 单击"开始"选项卡上的"剪切"按钮

    D. 单击"开始"选项卡上的"复制"按钮

67. 在 Word 的编辑状态下，选择了多行多列的整个表格后，按 Delete 键，则（　　）。

    A. 表格中第一列被删除　　　　　　B. 整个表格被删除

    C. 表格中第一行被删除　　　　　　D. 表格内容被删除，表格变为空表格

68. 在 Word 2007 的编辑状态中，绘制文本框，应使用的功能是在（　　　　）选项卡。

    A. 插入   B. 开始   C. 视图   D. 加载项

69. 下列关于打印预览视图的说法中，正确的一项是（　　　）。

    A. 在打印预览状态中，可以编辑文档，不可以打印文档

    B. 在打印预览状态中，不可以编辑文档，但可以打印文档

    C. 在打印预览状态中，既可以编辑文档，也可以打印文档

    D. 在打印预览状态中，既不可以编辑文档，也不可以打印文档

70. 在 Word 中，在有关查找与替换的下列说法中，不正确的是（　　　）。

    A. 只能从文档的光标处向下查找与替换

    B. 查找替换时可以使用通配符"*"和"?"

    C. 可以对段落标记、分页符进行查找与替换

    D. 查找替换时可以区分大小写字母

71. 在 Word 的编辑状态下，将一个表格设置为无边框，但选中"查看网格线"命令，则（　　　）。

    A. 在普通视图中看不到表格的虚线，但在打印预览时可以看见表格的虚线

    B. 在普通视图中看不到表格的虚线，在打印预览时也看不见表格的虚线

    C. 在普通视图中可以看见表格的虚线，在打印预览时也可以看见表格的虚线

    D. 在普通视图中可以看见表格的虚线，但在打印预览时看不见表格的虚线

72. 在 Word 2007 的编辑状态下，格式刷可以复制（　　　）。

    A. 文字的格式和内容   B. 段落和文字的格式和内容

    C. 段落的格式和内容   D. 段落和文字的格式

73. 在 Word 2007 的编辑状态，项目编号的作用是（　　　）。

    A. 为每个标题编号   B. 为每个段落编号

    C. 以上都正确   D. 为每行编号

74. 在在 Word 2007 中无法实现的操作是（　　　）。

    A. 在页眉中插入剪贴画   B. 建立奇偶页内容不同的页眉

    C. 在页眉中插入分隔符   D. 在页眉中插入日期

75. 进入在 Word 2007 的编辑状态后，在默认状态下进行中文标点符号与英文标点符号之间切换的快捷键是（　　　）。

    A. Shift +Ctrl   B. Ctrl+空格

    C. Ctrl +.   D. Shift +.

76. 在 Word 2007 中，单击 Office 按钮弹出菜单中列出的文件名表示（　　　）。

    A. 这些文件已被打开   B. 这些文件已调入内存

    C. 这些文件最近被处理过   D. 这些文件正在脱机打印

77. 在 Word 2007 的编辑状态，可以显示页面四角的视图方式是（　　　）。

    A. 页面视图方式   B. 普通视图方式

    C. 大纲视图方式   D. 各种视图方式

78. 在 Word 2007 的编辑状态，当前正在编辑文档中的字体已设置为宋体，选择了一段文字后，设定了楷体，然后又设定了仿宋体，则（　　　）。

    A. 文档全文都是楷体   B. 文档的全部文字的字体不变

    C. 被选择的内容变为仿宋体   D. 被选择的内容仍为宋体

79. 在 Word 的文档中对选中的文字无法实现的操作是（   ）。

    A. 排序　　　　　　　　　　　　B. 加下划线

    C. 设置动态效果　　　　　　　　D. 加粗

80. 在 Word 2007 中，若要选取矩形区域时，移动鼠标光标到该区域左上角，按住（   ）键向右下角拖动鼠标可选取矩形区域文本。

    A. Ctrl　　　　　B. Alt　　　　　C. Shift　　　　　D. Tab

81. Word 2007 的编辑状态下，新建一个空白文档（假定默认文档名为"文档 1"），完成文档编辑后，当单击 Office 按钮，执行"保存"命令时（   ）。

    A. 不能以"文档 1"存盘　　　　B. 弹出"另存为"对话框，再进一步操作

    C. 自动以"文档 1"为名存盘　　D. 该"文档 1"未被存盘

82. 在 Word 2007"替换"对话框中指定了查找内容但没有在"替换为"框中输入内容，则执行"全部替换"后，将（   ）。

    A. 只进行查找，不进行替换

    B. 不能执行，而提示输入替换内容

    C. 每找到一个欲查内容，就提示用户输入替换的内容

    D. 把所有找到的内容删除

83. Word 中，下面的叙述，最佳答案是（   ）。

    A. 用户不能自定义分页　　　　　B. 可以自动分页，也可以用户自定义分页

    C. Word 可以自动分页　　　　　　D. 用户可以自定义分页

84. 在 Word 2007 的（   ）视图方式下，可以显示分页效果。

    A. 阅读版式　　　B. 大纲　　　　C. 页面　　　　　D. Web 版式

85. Word 2007 的编辑状态下，选择了表格的某一列，执行了"表格工具"→"布局"选项卡中的"删除行"命令，则（   ）。

    A. 整个表格被删除　　　　　　　B. 表格中的一列被删除

    C. 表格中一行被删除　　　　　　D. 表格中没有被删除的内容

86. Word 2007 的编辑状态下，插入点标记是一个（   ）。

    A. 箭头形鼠标指针符号　　　　　B. "I"形鼠标指针符号

    C. 闪烁的黑色竖条线符号　　　　D. 水平横条线符号

87. Word 2007 的编辑状态下，为文档设置页码，可以使用（   ）选项卡。

    A. 开始　　　　　　　　　　　　B. 页面布局

    C. 视图　　　　　　　　　　　　D. 插入

88. Word 中某个文档大多数页面都是纵向的，如果其中某一页需要横向页面，则（   ）。

    A. 不可以这样做

    B. 在横向页开始和结束处插入分节符，通过页面设置为横向，在应用范围内设为"本节"

    C. 将整个文档分为二个文档来处理

    D. 将整个文档分为三个文档来处理

89. 在 Word 中，对于插入文档中的图片不能进行的操作是（   ）。

    A. 放大或缩小　　　　　　　　　B. 移动

    C. 修改图片中的图形　　　　　　D. 剪裁

90. 在 Word 2007 的编辑状态下，文档窗口显示出水平标尺，此时拖动水平标尺上沿的"首行缩进"滑块，则（　　　）。

    A. 文档中各行的起始位置都重新确定

    B. 文档中被选择的各段落首行起始位置都重新确定

    C. 文档中各段落起始位置都重新确定

    D. 文档中各段落未改变

91. 在 Word 文档编辑中，输入文字时可以使用（　　　）键实现文字的"插入"或"改写"方式的切换。

    A. Delete   B. Insert   C. End   D. Home

92. 在 Word 2007 的编辑状态中，被编辑文档中的文字有"四号"、"五号"、"16 磅"、"18磅"4 种，下列关于所设定字号大小的比较中，正确的是（　　　）。

    A. "四号"大于"五号"   B. "16 磅"大于"18 磅"

    C. "四号"小于"五号"   D. 字的大小一样，字体不同

93. 在 Word 2007 的表格操作中，计算求和的函数是（　　　）。

    A. Total   B. Sum   C. Count   D. Average

94. 在 Word 2007 的编辑状态中，对已经输入的文档进行分栏操作，需要使用的是（　　　）选项卡。

    A. 开始   B. 插入   C. 视图   D. 页面布局

95. 在 Word 2007 中，如果要使文档内容横向打印，在"页面设置"对话框中应选择的标签是（　　　）。

    A. 纸张   B. 页边距   C. 版式   D. 文档网络

96. 在 Word 2007 中，将鼠标指针移到文档移到文档左侧的选定区域并选定整个文档，则鼠标的操作是（　　　）。

    A. 单击右键   B. 单击左键   C. 三击左键   D. 双击左键

97. 在 Word 2007 中，将整个文档选定的快捷键是（　　　）。

    A. Ctrl +A   B. Ctrl +V   C. Ctrl +C   D. Ctrl +X

98. 在 Word 文档中最多可以产生（　　　）个分栏。

    A. 10   B. 25   C. 35   D. 45

99. Word 中，在"字数统计"中用户不能得到的信息是（　　　）。

    A. 文件的长度   B. 文档的页数   C. 文档的段落数   D. 文档的行数

100. 在 Word 中，当输入文本满一页时，会自动插入一个分页符，这称为（　　　），除了这种方法外，也可以由用户根据需要在适当的位置插入分页符，这称为（　　　）。

    A. 软回车、硬回车   B. 自动回车、人工回车

    C. 自动分页、人工分页   D. 以上都对

二、判断题

1. Word 是一种文字处理软件，主要用来创建和编辑文档，但也可以创建表格。（　　　）

2. 在 Word 中，"先选定，后操作"是进行编辑的基本规则。（　　　）

3. 当前所编辑的文档的名称会显示在状态栏中。　（　　　）

4. 按"Alt+F4"组合键只关闭当前文档编辑窗口，而不退出 Word 系统。（　　　）

5. 使用功能区"开始"选项卡上"字体"组的"字号"命令可以更改字号。（　　　）

6. Word 2007 中，"初号"是可以使用的最大的字号。　（　　　）

7. 用于更改纸张左边距至文本显示位置的宽度的功能称为"缩进"。　（　　　）

8. 在 Word 中不能更改文档的边距。　（　　　）

9. 在分栏排版中，只能进行等栏宽分栏。　（　　　）

10. 若想在某页未满的情况下强行分页，只要多按几次回车键。　（　　　）

11. 在使用 Word 文本编辑软件时，为了将光标快速定位到文档开头，可用"Ctrl＋Home"组合键。（　　　）

12. 若要退出 Word，必须关闭计算机的电源。　（　　　）

13. 使用 Word 可以制作 WWW 网页，也可将文档直接保存为 Web 文件。　（　　　）

14. 在 Word 的查找/替换功能中，不能指定要查找的内容的格式。　（　　　）

15. 用于设置文本格式的按钮大都位于功能区"开始"选项卡上的"页面布局"下。　（　　　）

16. 在 Word 中，脚注是对个别术语的注释，其脚注内容位于整个文档的末尾。　（　　　）

17. 在中断工作或退出 Word 时，必须保存文档，否则会丢失已完成的工作。　（　　　）

18. Word 2007 的页面视图方式下可同时使用水平标尺和垂直标尺。　（　　　）

19. 在 Word 中隐藏的文字，屏幕中仍然可以显示，但打印时不输出。　（　　　）

20. 在 Word 中，段落格式与样式是同一个概念的不同说法。　（　　　）

三、填空题

1. 在 Word 2007 中，功能区的三个基本组件是：＿＿＿＿、＿＿＿＿、＿＿＿＿。

2. 在 Word 2007 中，"文件"菜单已被＿＿＿＿所取代（位于程序窗口的左上角）。单击此按钮，可以获得以前用于打开、保存和打印文档的相同基本命令。

3. Word 2007 文档的编辑状态，可以显示水平标尺的视图模式有页面视图＿＿＿＿和＿＿＿＿。

4. Word 2007 文档中，窗口左边有一列空列，称为选定栏，其作用是选定文本，其典型操作是当鼠标指针位于选定栏，单击鼠标左键，则选中一＿＿＿＿，双击鼠标左键，则选中一个＿＿＿＿，三击鼠标左键，则选中＿＿＿＿。

5. Word 2007 文档中，水平标尺有 4 个段落缩进标记，分别是＿＿＿＿、＿＿＿＿和＿＿＿＿。

6. Word 2007 提供了左对齐、右对齐、＿＿＿＿、＿＿＿＿和＿＿＿＿5 种文本对齐方式。

7. 退出 Word 2007 程序的快捷键是＿＿＿＿。

8. 当启动 Word 2007 时，＿＿＿＿视图是其默认的文档视图。

9. 在 Word 2007 中，与打印机输出完全一致的 Word 2007 显示视图称为＿＿＿＿视图。

10. 在 Word 2007 中，能"所见即所得"地显示 Web 网页的是＿＿＿＿视图。

11. 在 Word 2007 中提供了 5 种查看文档内容的视图方式，分别是：普通视图、＿＿＿＿、＿＿＿＿、＿＿＿＿、＿＿＿＿。

12. 在 Word 2007 的设置图片文字环绕中有 7 种版式，分别是：四周型、穿越型、上下型、＿＿＿＿、＿＿＿＿、＿＿＿＿和衬于文字下方。

13. 打开一个 Word 2007 文档是指把该文档从磁盘调入＿＿＿＿，并在窗口的文本区显示其内容。

14. 分页符只有在＿＿＿＿与大纲视图方式中才可见到，不能在打印预览方式及打印结果中见到。

15. 在 Word 2007 中，已选定要删除的文本，按＿＿＿＿键或＿＿＿＿键即可删除文本。

16. 当一张表格超过一页时，通常希望在第二页的续表中也包括第一页的表头，则在＿＿＿＿

对话框中设置第一行使其可以在每页以标题行形式显示。

17．Word 2007 中，已选定要移动的文本，按快捷键_____，将选定的文本剪切到剪贴板，再将插入点移到目标位置上，按快捷键_____粘贴文本，实现文本的移动。

18．在 Word 2007 中，选定要复制的文本，按住_____键并按住鼠标左键，将指针移到目标位置，就可以实现文本的复制。

19．在 Word 2007 中，要实现"查找"功能，可按快捷键_____，要实现"替换"功能，可按快捷键_____。

20．在"查找和替换"的高级功能对话框中，"搜索范围"列表框有_____、_____和_____ 3 个选项。

21．在 Word 2007 中，用户可以同时打开多个文档窗口。当多个文档同时打开后，当前插入点所在的窗口称为活动文档。在同一时刻有_____个活动文档。

22．页眉和页脚是文档中每个页面的_____、_____和两侧页边距中的区域，可以在页眉和页脚中插入_____或_____。例如，可以添加页码、时间和日期、公司徽标、文档标题、文件名或作者姓名等。

23．在 Word 主窗口的右上角，可以同时显示的按钮依次是_____、_____、关闭，或者是_____、_____、关闭。

24．在 Word 的编辑状态下，若退出阅读版式视图方式，应当按的功能键是_____。

25．在 Word 中，选定一个矩形区域的操作是将光标移动到待选择的文本的左上角，然后按住_____键和鼠标左键拖动到文本块的右下角。

26．在 Word 中，要想自动生成目录，一般在文档中应包含_____样式。

27．在打印 Word 文本之前，常常要用_____菜单中的_____菜单项的_____子菜单观察各页。

28．_____是由字体、颜色和段落格式构成的预定义格式组合。

29．在 Word 2007 中，有些选项组组的右下角有小箭头▣，它称为_____，单击该箭头可打开一个_____。

30．Word 2007 文档文件格式基于新的 Office Open XML Formats，其中 XML 是_____的缩写。通过分隔包含脚本或宏的文件，更便于识别和阻止不需要的代码或宏，从而有助于提高文档的安全性，有助于使文档不易受到损坏。其中，不含宏或代码的标准 Word 文档的扩展名为_____；不含宏或代码的 Word 模板的扩展名为_____；可以包含宏或代码的 Word 文档的扩展名为_____；可以包含宏或代码的 Word 文档的扩展名为_____；可以包含宏或代码的 Word 模板的扩展名为_____。

第四章
电子表格软件 Excel 2007 习题

一、单项选择题

1. Excel 2007 是 Office 系列办公软件中的一个组件，主要用来（　　）。
   - A. 编辑图文并茂的文书文档
   - B. 制作电子表格
   - C. 制作演示文稿
   - D. 创建关系型数据库

2. 关于 Excel 2007，下面的说法错误的是（　　）。
   - A. Excel 2007 具有报表分析，分析数据，图表处理等能力
   - B. Excel 2007 不具有数据库管理能力
   - C. Excel 2007 是表格处理软件
   - D. 在 Excel 2007 中可以利用宏功能简化操作

3. 在 Excel 2007 中工作簿文件的默认扩展名是（　　）。
   - A. .xslx
   - B. .xlsx
   - C. .slxx
   - D. .sxlx

4. 一张 Excel 2007 工作表中，最多有（　　）。
   - A. 256 行
   - B. 1 048 576 行
   - C. 16 384 行
   - D. 65 536 行

5. 在 Excel 2007 中，工作表的列坐标范围是（　　）。
   - A. A～XFD
   - B. 1～16384
   - C. A～IV
   - D. A～UI

6. 在 Excel 2007 中，可以使用增强的筛选和排序功能快速排列工作表数据以查找所需的信息。例如，可以按颜色和最多为（　　）个级别来对数据排序。
   - A. 1
   - B. 2
   - C. 3
   - D. 64

7. 在 Excel 2007 中，下面的输入能直接显示产生 1/5 数据是输入方法是（　　）。
   - A. 0.2
   - B. 0 1/5
   - C. 1/5
   - D. 2/10

8. 在 Excel 2007 中，在单元格中输入数字字符串 100102 时，应输入（　　）。
   - A. "100102"
   - B. 100102
   - C. '100102
   - D. 100102'

9. 在 Excel 2007 工作表中，日期型数据"2008 年 12 月 21 日"的正确输入形式是（　　）。
   - A. 2008-12-21
   - B. 2008：12：21
   - C. 2008，12，21
   - D. 2008；12；21

10. 在 Excel 2007 表格中,若想输入系统当前日期,可以通过下列哪个组合键快速完成(　　)。
    - A. Ctrl+Shift
    - B. Ctrl+;
    - C. Ctrl+Shift+A
    - D. Ctrl+A

11. 在 Excel 2007 中，强迫换行的方法是在需要换行的位置按（　　）键。
    - A. Tab
    - B. Enter
    - C. "Alt+Enter"组合
    - D. "Alt+Tab"组合

12. 在 Excel 2007 中，"A1:D4"表示（　　　）。

    A. A、B、C、D 四列　　　　　　　B. 左上角为 A1，右下角为 D4 单元格区域

    C. A1 和 D4 单元格　　　　　　　D. 1、2、3、4 四行

13. 在 Excel 2007 中，使用公式输入数据，在公式前需要加（　　　）。

    A. =　　　　　　B. $　　　　　　C. 单引号　　　　　　D. ×

14. 在 Excel 2007 表格中，可以进行智能填充时，鼠标的形状为（　　　）。

    A. 向右上方箭头　　　　　　　　　B. 向左上方箭头

    C. 实心细十字　　　　　　　　　　D. 空心粗十字

15. 在 Excel 2007 中，利用填充柄可以将数据复制到相邻的单元格中，若选择含有数值相邻的两个单元格中，左键拖动填充柄，则数据将以（　　　）填充。

    A. 等差数列　　　　B. 右单元格数值　C. 左单元数值　　D. 等比数列

16. 在 Excel 2007 中工作表某列第一个单元格输入等差数列初始值，然后要完成逐一增加的等差数列填充输入，应做的操作是（　　　）。

    A. 按住 Alt 键，用鼠标左键拖动单元格右下角的填充柄，到等差数列最后一个数值所在的单元格

    B. 按住 Ctrl 键，用鼠标左键拖动单元格右下角的填充柄，到等差数列最后一个数值所在的单元格

    C. 按住 Shift 键，用鼠标左键拖动单元格右下角的填充柄，到等差数列最后一个数值所在的单元格

    D. 按住 "Ctrl+Shift" 组合键，用鼠标左键拖动单元格右下角的填充柄，到等差数列最后一个数值所在的单元格

17. 在 Excel 2007 中，下列序号不属于 Excel 2007 预设自动填充序列的是（　　　）。

    A. MON　　TUE　　WED　　　　B. 一车间　　二车间　　三车间

    C. 甲　　乙　　丙　　　　　　　D. 星期一　　星期二　　星期三

18. 在 Excel 2007 中工作表中，不正确的单元格地址引用是（　　　）。

    A. $C66　　　　B. C$66　　　　C. 6$66　　　　D. $C$66

19. Excel 2007 中，下列选项中，属于对单元格的绝对引用的（　　　）。

    A. $B2　　　　B. ¥B¥2　　　　C. B2　　　　D. $B$2

20. 在 Excel 2007 工作表中，单元格区域 D2:E4 所包含的单元格个数是（　　　）。

    A. 7　　　　　B. 6　　　　　　C. 5　　　　　D. 8

21. 在进行 Excel 2007 公式复制时，为使公式的（　　　），必须使用绝对地址。

    A. 范围大小随新位置而变化　　　　B. 范围随位置而变化

    C. 范围不随着位置而变化　　　　　D. 单元格地址随新位置变化

22. 在 Excel 2007 中，若将 123 作为文本数据输入某单元格，错误的输入的方法的（　　　）。

    A. ="123"　　　　　　　　　　　B. 123

    C. 先输入 123，再设置为文本格式　D. '123

23. 已知工作表中 J7 单元格中的公式为 "=F7*$D$4"，在第 4 行前插入一行，则插入后 J8 单元中的公式为（　　　）。

    A. =F8*$D$5　　　　　　　　　　B. =F8*$D$4

    C. =F7*$D$4　　　　　　　　　　D. =F7*$D$5

24. 在 Excel 2007 中，公式 "=SUM（B2,C2:E3）" 的含义是（　　　）。

    A. =B2+C2+C3+D2+D3+E2+E3　　　　　B. =B2+C2+E3

    C. =B2+C2+C3+D2+D3　　　　　　　　D. = B2+C2+C3+E2+E3

25. Excel 2007 求 A1 到 A6 单元格数据之和，以下错误的公式（　　　）。

    A. =（A1+A2+A3+A4+A5+A6）　　　　B. =SUM（A1:A6）

    C. =A1+A2+A3+A4+A5+A6　　　　　　D. =SUM（A1+A6）

26. 在单元格中输入 "=AVERAGE（10，-3）-PI（）"，则该单元格的计算结果（　　　）。

    A. 大于零　　　　　B. 等于零　　　　　C. 小于零　　　　　D. 不确定

27. 在 Excel 2007 中，公式 "COUNT（C2:E3）" 的含义是（　　　）。

    A. 计算区域 C2:E3 内字符个数　　　　B. 计算区域 C2:E3 内数值的个数

    C. 计算区域 C2:E3 内数值的和　　　　D. 计算区域 C2:E3 内数值为 0 的个数

28. 在单元格中输入（　　　），该单元格显示 0.3。

    A. "6/20"　　　　　B. =6/20　　　　　C. 6/20　　　　　D. = "6/20"

29. 在 Excel 2007 中，若在 A2 单元格中输入 "=8＾2" 则显示的结果是（　　　）。

    A. =8＾2　　　　　B. 64　　　　　C. 16　　　　　D. 8＾2

30. 在 Excel 2007 中，若在 A2 单元格中输入 "=56>57" 则显示的结果是（　　　）。

    A. =56<57　　　　　B. -1　　　　　C. TRUE　　　　　D. FALSE

31. 已知 Excel 2007 的工作表 B3 单元格与 B4 单元格的值分别为 "中国"，"北京"，要在 C4 单元格中显示 "中国北京"，正确的公式是（　　　）。

    A. =B3+B4　　　　B. =B3:B4　　　　C. =B3&B4　　　　D. =B3，B4

32. 在 Excel 2007 中，可以用于计算最大值的函数是（　　　）。

    A. MAX　　　　　B. IF　　　　　C. COUNT　　　　D. AVERAGE

33. 在 Excel 2007 工作表中，单元格 C4 有公式 "=A3+$C$5"，在第 3 行之前插入一行之后，单元格 C5 中的公式为（　　　）。

    A. =A4+$C$6　　　　B. =A3+$C$6　　　　C. =A4+$C$5　　　　D. =A3+$C$5

34. 已知 A1，B1 单元格中的数据为 33，35，C1 中的公式为 "=A1+B1" 其他单元格均为空，若把 C1 中的公式复制到 C2，则 C2 显示（　　　）。

    A. 55　　　　　B. 0　　　　　C. A1+B1　　　　D. 88

35. 在 Excel 2007 中当公式中出现被零除的现象时，产生错误值是（　　　）。

    A. !#NUM　　　　B. #DIV/0!　　　　C. #VILUE!　　　　D. #N/A

36. 在 Excel 2007 中，选中单元格后，按下 Delete 键，将（　　　）。

    A. 清除所选中的单元格中的内容　　　B. 删除选中单元格和里面的内容

    C. 清除选中单元格的格式　　　　　　D. 清除选中单元格中的内容和格式

37. 在 Excel 2007 中，选定 C5 单元格后执行 "冻结窗口" 的命令，则被冻结的是（　　　）。

    A. 单元格　　　　　　　　　　　　　B. 第 C 列和第 5 行单元

    C. A1:B4 单元格区域　　　　　　　　D. A1:C5 单元格区域格

38. 在 Excel 2007 中，若要对某个工作表重命名，可以采用（　　　）。

    A. 双击表格标题行　　　　　　　　　B. 双击工作表标签

    C. 单击表格标题行　　　　　　　　　D. 单击工作表标签

39. 在 Excel 2007 中的某个单元格中输入了文字，若要文字自动换行，可利用 "单元格格式"

对话框的（　　　）选项卡，选择"自动换行"。

  A. 对齐   B. 数字   C. 图案   D. 保护

40. 在 Excel 2007 的工作表中，将表格标题对表格居中显示的方法是（　　　）。

  A. 在标题行任一单元格中输入表格标题，然后单击"合并及居中"工具按钮

  B. 在标题行第一个单元格中输入表格标题，然后单击"合并及居中"工具按钮

  C. 在标题行处于表格宽度居中位置的单元格中输入表格标题

  D. 在标题行处于表格宽度范围内的单元格中输入标题，选定标题行处于表格宽度范围内的所有单元格，然后单击"合并及居中"工具按钮

41. 在单元格指针移到 Y100 的最简单的方法是（　　　）。

  A. 按 Ctrl + Y100 键

  B. 选取整个数据清单

  C. 在名称框中输入 Y100

  D. 先用"Ctrl +→"组合键移到 Y 列，再用"Ctrl +↓"组合键移到 100 行

42. 某区域由 A1，A2，A3，B1，B2，B3 六个单元格组成，下列不能表示该区域的是（　　　）。

  A. A3:B1 B. A1:B3 C. B3:A1 D. A1:B1

43. 在 Excel 2007 工作簿中，有关移动和复制工作表的说法正确的是（　　　）。

  A. 工作表可以移动到其他的工作簿内，不能复制到其他工作簿内

  B. 工作表只能在所有的工作簿内复制而不能移动

  C. 工作表只能在所有的工作簿内移动而不能复制

  D. 工作表可以移动到其他的工作簿，也可以复制到其他的工作簿

44. 在 Excel 2007 中，填充柄位于（　　　）。

  A. 标准工具栏里   B. 当前单元格的左下角

  C. 当前单元格的右下角   D. 当前单元格的右上角

45. 在 Excel 2007 中打印工作表时，"页面设置"对话框中的"工作表"选项卡中的打印顺序有（　　　）。

  A. 从上到下 B. 先行后列 C. 先列后行 D. B 和 C

46. 在 Excel 2007 中，在一个单元格里输入文本时，文本数据在单元格的对齐方式是（　　　）。

  A. 左对齐 B. 右对齐 C. 居中对齐 D. 随机对齐

47. 在 Excel 2007 中单元格地址是指（　　　）。

  A. 每一个单元格的大小   B. 每一个单元格

  C. 单元格所在的工作表   D. 单元格在工作表中的位置

48. 图表的类型有多种，折线图最适合反映（　　　）。

  A. 数据之间量与量的大小差异

  B. 数据之间的对应关系

  C. 单个数据在所有数据构成的总和中所占比例

  D. 数据间量的变化快慢

49. Excel 2007 的"页面设置"功能能够（　　　）。

  A. 打印预览   B. 改变页边距

  C. 保存工作簿   D. 设置单元格格式

50. 在 Excel 2007 中，如果希望打印内容处于页面中心，可以选择"页面设置"中的（　　　）。

A. 水平居中   B. 垂直居中

C. 水平居中和垂直居中   D. 横向打印

51. 在 Excel 中各运算符的优先级由高到低顺序为（   ）。

    A. 算术运算符、比较运算符、字符串运算符

    B. 算术运算符、字符串运算符、比较运算符

    C. 比较运算符、字符串运算符、算术运算符

    D. 字符串运算符、算术运算符、比较运算符

52. Excel 2007 中，若工作表单元格的字符串超过该单元格的显示宽度时，下列叙述不正确的是（   ）。

    A. 该字符串可能占用其右侧的单元格的空间，将全部的内容显示出来

    B. 该字符串可能占用其左侧的单元格的空间，将全部的内容显示出来

    C. 该字符串可能只在其所在的单元格内显示部分内容出来，多余的部分被其右侧单元中的内容覆盖

    D. 该字符串可能只在其所在的单元格内显示部分内容出来，多余的部分被隐藏

53. 在 Excel 2007 中，公式"=$C1+E$1"是（   ）。

    A. 绝对引用   B. 相对引用

    C. 混合引用   D. 任意引用

54. 在 Excel 2007 中，若在编辑栏输入公式"="05-4-12"-"05-3-2""，将在活动单元格中得到（   ）。

    A. 41   B. 05-3-10   C. 00-3-10   D. 40

55. 在 Excel 2007 中，已知工作表中 C3 单元格与 D4 单元格的值均为 10，C4 单元格中为公式"=C3=D4"，则 C4 单元格显示的内容为（   ）。

    A. #N/A   B. TRUE   C. C3=D4   D. 10

56. 在 Excel 2007 中的一数据表单中，若单击任一单元格后选择"数据"选项卡→"排序"按钮，Excel 2007 将（   ）。

    A. 自动把排序范围限定于此单元格所在行

    B. 自动把排序范围限定于此单元格所在列

    C. 自动把排序范围限定于整个清单

    D. 不能排序

57. 在 Excel 2007 中，在打印学生成绩单时，对不及格的成绩用醒目的方式表示（如加图案等），当要处理大量的学生成绩时，利用最为方便的功能项是（   ）。

    A. 查找   B 条件格式   C. 数据筛选   D. 定位

58. 在 Excel 2007 中，有人用公式输入法在工作表区域 B2:B25 中输入起始数值为 1，公差为 2 的等差数列，其操作过程如下：先在 B1 单元格中输入数字 1，然后在 B2 单元格中输入公式（   ）。

    A. =B1+2，最后将该公式复制到区域 B3:B25 中

    B. =B1-2，最后将该公式复制到区域 B3:B25 中

    C. =2-B1，最后将该公式复制到区域 B3:B25 中

    D. =$B$1+2，最后将该公式复制到区域 B3:B25 中

59. 在 Excel 2007 中，要在工作簿中同时选择多个不相邻的工作表，在依次单击各个工作表

标签的同时应该按住（　　）键。

    A. Ctrl   B. Alt   C. Shift   D. Del

60. 在 Excel 2007 中，设工作区域 A1:A12 各单元格从上向下顺序存储着某商店 1 至 12 月的销售额，为了区域 B1:B12 各单元格中从上向下顺序得到从 1 月到各月的累计销售额，其操作过程如下：现在 B1 单元格输入公式（　　）。

    A. =SUM（A1:A1），然后将输入其中的公式向下复制到区域 B2:B12 中

    B. =SUM（A1:$A1），然后将输入其中的公式向下复制到区域 B2:B12 中

    C. =SUM（A1:A$1），然后将输入其中的公式向下复制到区域 B2:B12 中

    D. =SUM（A1:A12），然后将输入其中的公式向下复制到区域 B2:B12 中

61. 在 Excel 2007 中，下列说法不正确的是（　　）。

    A. 若要删除一行，右击该行行号，从弹出的菜单中选择"清除内容"命令

    B. 若想要使某一单元格成为活动单元格，单击此单元格即可

    C. 若要选定一行，单击该行行号即可

    D. 为了创建图表，可以从"插入"选项卡上使用"图表"选项组

62. 在 Excel 2007 中，若要实现移动工作表的操作，可以使用的菜单是（　　）。

    A. 编辑   B. 工具   C. 格式   D. 数据

63. 在 Excel 2007 中，工作表 G8 单元格的值为 7654.375，执行某操作之后，在 G8 单元格中显示的一串"#"符号，说明 G8 单元格的（　　）。

    A. 公式有错，无法计算   B. 数据已经因操作失误而丢失

    C. 显示宽度不够，只要调整宽度即可   D. 格式与类型不匹配，无法显示

64. 活动单元格是 B2，按 Tab 键后，活动单元格是（　　）。

    A. B3   B. B1   C. A2   D. C2

65. 活动单元格是 B2，按 Enter 键后，活动单元格是（　　）。

    A. B3   B. B1   C. A2   D. C2

66. 在 Excel 2007 中，将图表和数据放在一张工作表的方法，称为（　　）。

    A. 合并式图表   B. 分离式图表   C. 自由式图表   D. 嵌入式图表

67. 以下公式，结果为 FALSE 的是（　　）。

    A. ="a">"A"   B. ="a">"3"

    C. ="12">"3"   D. ="优">"劣"

68. 在 Excel 2007 中，A1 单元格设定其格式为保留 0 位小数，当输入"45.51"，则显示为（　　）。

    A. 46   B. 45   C. 46.0   D. 45.0

69. 在 Excel 2007 工作表中，某单元格中有"1.37"为数值式"1.37"，如将其格式改为货币格式"¥1.37"，单击该单元格，则（　　）。

    A. 单元格内和编辑栏内的均可显示货币格式

    B. 单元格内和编辑栏内的均可显示数值格式

    C. 单元格内显示货币格式，编辑栏显示数值格式

    D. 单元格内显示数值格式，编辑栏显示货币格式

70. 在 Excel 2007 中要在图片中添加文本，可以选择"插入"选项卡上的（　　）按钮。

    A. 直线   B. 矩形   C. 文本框   D. 箭头

71. 在 Excel 2007 中　若要在当前的单元格左方插入一个单元格，在右击该单元格后在弹出

的"插入"对话框中选择（　　　）。

    A. 整列　　　　　　　　　　　　　　B. 活动单元格右移

    C. 整行　　　　　　　　　　　　　　D. 活动单元格下移

72. 在 Excel 2007 中选中某个单元格后，单击功能区的"格式刷"按钮，可以复制单元格的（　　　）。

    A. 格式　　　　　B. 批注　　　　　C. 内容　　　　　D. 全部（格式和内容）

73. 在 Excel 2007 中，单元格地址是指（　　　）。

    A. 每个单元的大小　　　　　　　　　B. 每个单元格

    C. 单元格所在的工作表　　　　　　　D. 单元格在工作表中的位置

74. 在 Excel 2007 中，如要输入电话号码，可以对需要输入字符串所在的单元格（　　　）。

    A. 将单元格数字格式设置为"科学计数"

    B. 将单元格数字格式设置为"数值"

    C. 将单元格数字格式设置为"常规"

    D. 将单元格数字格式设置为"文本"

75. 关于工作表下列说法正确的是（　　　）。

    A. 无法对工作表的名称进行修改

    B. 工作表的名称在工作簿的顶部显示

    C. 工作表是计算和存储数据的文件

    D. 工作表的默认名称是"Sheet1，Sheet2，…"

76. 在 Excel 2007 中工作表中，当某一个单元格中内容显示的为"#NAME?"时，它表示的意思是（　　　）。

    A. 使用了 Excel 2007 不能识别的名称　　B. 无意义

    C. 在公式中引用了无效的单元格　　　　D. 公式中的名称有问题

77. 在 Excel 2007 工作表中，利用鼠标拖动移动数据时，若有"是否替换目标单元格内容？"的提示框出现，则说明（　　　）。

    A. 目标区域为空白　　　　　　　　　B. 目标区域已有数据

    C. 数据不能移动　　　　　　　　　　D. 不能用鼠标拖动进行数据移动

78. 若一个工作簿有 10 张工作表，标签为 Sheet1～Sheet10，若当前工作表为 Sheet5，将该表复制一份到 Sheet8 之前，则复制的工作表标签为（　　　）。

    A. Sheet5（2）　　B. Sheet8（2）　　C. Sheet5　　　　D. Sheet7（2）

79. Excel 中对单元格的引用有（　　　）、绝对地址和混合地址。

    A. 存储地址　　　　B. 活动地址　　　　C. 相对地址　　　　D. 循环地址

80. 在 Excel 2007 中，可以使用（　　　）选项卡中的功能来设置是否显示编辑栏。

    A. "开始"　　　　B. "视图"　　　　C. "页面布局"　　　　D. "公式"

81. 若要选定区域 A1:C5 和 D3:E5，应（　　　）。

    A. 按鼠标左键从 A1 拖动到 C5，然后按住鼠标左键从 D3 拖动到 E5

    B. 按鼠标左键从 A1 拖动到 C5，然后按住 Ctrl 键，并按住鼠标左键从 D3 拖动到 E5

    C. 按住标左键从 A1 拖动到 C5，然后按住 Tab 键，并按住鼠标左键从 D3 拖动到 E5

    D. 按住标左键从 A1 拖动到 C5，然后按住 Shift 键，并按住鼠标左键从 D3 拖动到 E5

82. 在 Excel 2007 表格中，用筛选条件"数学>65 AND 总分>260"对成绩数据表进行筛选后，在筛选结果中都是（　　　）。

  A．总分>260 的记录　　　　　　 B．数学>65 的记录

  C．数学>65 且总分>260 的记录　　 D．数学>65 或总分>260 的记录

83．在 Excel 2007 数据清单中，若根据某列数据对数据清单进行排序，可以利用功能区上的"降序"按钮，此时用户应先（　　　）。

  A．选取该列数据　　　　　　　　 B．选取整个数据表单

  C．单击数据表单中的某个单元格　 D．单击该列数据中的任一单元格

84．Excel 总共为用户提供了（　　　）种图表类型。

  A．9　　　　　　B．6　　　　　　C．102　　　　　　D．14

85．在降序排序中，在序列中空白的单元格行被（　　　）。

  A．放置在排序数据清单的最前　 B．放置在排序数据清单的最后

  C．不被排序　　　　　　　　　　 D．保持原始次序

86．在 Excel 2007 中，以下字段名的单元格内加上一个下拉按钮的功能是（　　　）。

  A．自动筛选　　B．排序　　　　C．记录单　　　　D．分类汇总

87．批注功能在（　　　）标签下。

  A．公式　　　　B．数据　　　　C．审阅　　　　D．视图

88．用 Excel 2007 可以创建各类图表，如条形图、柱形图等，为了显示数据系列中每一项占该系列数值总和的比例关系，应该选择（　　　）图表。

  A．柱形图　　　B．折线图　　　C．饼图　　　　D．条形图

89．在 Excel 2007 中，关于创建图表，正确的说法是（　　　）。

  A．图表中的图表类型一经选定建立图表后，将不能改变

  B．只能为连续的数据区建立图表，数据区不连续时不能建立图表

  C．只能建立一张单独的图表工作表，不能将图表嵌入到工作表中

  D．当数据区的数据系列被删除后，图表中相应的内容也被删除

90．Excel 的工作界面不包括（　　　）。

  A．标题栏、菜单　　　　　　　　 B．工具栏、编辑栏、滚动条

  C．工作表标签和状态栏　　　　　 D．演示区

91．下面（　　　）功能是 Excel 2007 中有的，而 Excel 2003 中没有的。

  A．艺术字　　　B．形状　　　　C．SmartArt　　　　D．超链接

92．对于 Excel 2007，下面说法正确的是（　　　）。

  A．可以将图表插入到某个单元格中　B．图表也插入到一张新的工作表中

  C．不能在工作表插入图表　　　　　D．插入的图表不能在工作表中任意移动

93．Excel 2007 中，当产生图表的基础数据发生变化后，图表将（　　　）。

  A．发生相应的改变　　　　　　　 B．不会改变

  C．发生改变，但与数据无关　　　 D．被删除

94．在单元格中输入数值和文字数据，默认的对齐方式是（　　　）。

  A．全部左对齐　　　　　　　　　 B．全部右对齐

  C．分别为左对齐和右对齐　　　　 D．分别为右对齐和左对齐

95．在 Excel 2007 中，若数据表中一些数据已不需要，删除后，相应图表的相应的内容将（　　　）。

    A. 自动删除　　　　　　　　　B. 不变化

    C. 单击"更新"后删除　　　　　D. 以虚线显示

96. 单元格中输入"1-2"后，单元格数据的类型是（　　　）。

    A. 数字　　　　　　B. 文本　　　　　　C. 日期　　　　　　D. 时间

97. 单元格中输入"1+2"后，单元格数据的类型是（　　　）。

    A. 数字　　　　　　B. 文本　　　　　　C. 日期　　　　　　D. 时间

98. Excel 工作表最底行为状态行，准备接收数据时，状态行显示（　　　）。

    A. 就绪　　　　　　B. 等待　　　　　　C. 输入　　　　　　D. 编辑

99. 在 Excel 中，下面关于分类汇总的叙述错误的是（　　　）。

    A. 分类汇总前必须按关键字段排序数据库

    B. 分类汇总的关键字段只能是一个字段

    C. 分类汇总可以被删除，但删除汇总后排序操作不能撤销

    D. 汇总方式只能是求和

100. Excel 主要应用在（　　　）。

    A. 美术、装潢、图片制作等到各个方面

    B. 工业设计、机械制造、建筑工程

    C. 统计分析、财务管理分析、股票分析和经济、行政管理等

    D. 多媒体制作

二、判断题

1. 在 Excel 工作簿中最多可设置 3 张工作表。（　　　）

2. Excel 中的单元格可用来存放文字、公式、函数及逻辑值等数据。（　　　）

3. 在 Excel 中，单元格内输入数值数据只有整数和小数两种形式。（　　　）

4. Excel 工作表是由一系列工作簿组成的。（　　　）

5. 通过双击操作可将单元格调整到适当的宽度。（　　　）

6. 在 Excel 中，只能在单元格内编辑输入的数据。（　　　）

7. 在 Excel 单元格中，可按"Alt+Enter"组合键换行。（　　　）

8. 在 Excel 中，如果单元格内显示"####"，表示单元格中的数据是未知的。（　　　）

9. 使用"自动填充"选项可以轻松设置表格的颜色和设计。（　　　）

10. 在 Excel 中，可用键盘上 Delete 键将单元格中数据格式与内容一起删除。（　　　）

11. 在 Excel 2007 中，若要打印已创建的表格，首先应单击"Office 按钮"。（　　　）

12. 在 Excel 中，运算符有算术运算符、连接运算符和比较运算符三种。（　　　）

13. 在 Excel 中，筛选是只显示满足某些条件的记录，并将其他不满足条件的记录删除。
（　　　）

14. 在 Excel 中，数据汇总前，必须先按分类的字段进行排序。（　　　）

15. Excel 规定在同一工作簿中不能引用其他工作表中的数据。（　　　）

16. 在 Excel 中，剪切到剪贴板的数据可以多次粘贴。（　　　）

17. 在公式=A$1+B3 中，A$1 是绝对引用，而 B3 是相对引用。（　　　）

18. 在 Excel 中，单元格移动和复制后，单元格中公式中的相对地址都不变。（　　　）

19. 在 Excel 中，单元格中的错误信息都以#开头。（　　　）

20. 若对工作表数据已建立图表，则修改工作表数据的同时也必须修改对应的图表。（　　　）

三、填空题

1. _____是在 Excel 中用于存储和处理数据的主要文档，也称电子表格。由排列成列和行的单元格组成；始终存储在工作簿中。

2. Office Excel 2007 网格为_____行乘以_____列，与 Microsoft Office Excel 2003 相比，它提供的可用行增加了 1，500%，可用列增加了 6，300%。工作表的列坐标范围是_____。

3. 在 Excel 工作表中，行标号以_____表示，列标号以_____表示。

4. Excel 工作表中每行左边带编号的灰色区域称为_____，单击可选中整行。若要增大或减小行高，请拖动其边界线。

5. Excel 工作表中各列顶部用字母或编号标识的灰色区域称为_____，单击可选中整列；若要增加或减小列宽，请拖动其右边的边界线。

6. 若要快速将功能区最小化或者还原，请_____活动选项卡的名称。若要实用键盘快捷方式最小化或还原功能区，请按_____。

7. 在 Excel 2007 中，_____是位于 Excel 窗口顶部的条形区域，用于输入或编辑单元格或图表中的值或公式。与 Microsoft Office Excel 2003 相比，它会_____以容纳长而复杂的公式，从而防止公式覆盖工作表中的其他数据。

8. 突出显示工作表中的单元格或单元格区域的操作称为_____。

9. _____是被选定的单元格，其四周的边框加粗显示，可以向其中输入数据。

10. Excel 单元格中的一系列值、单元格引用、名称或运算符的组合称为_____，可生成新的值，它总是以_____开始。

11. 位于选定区域右下角的小黑方块称为_____，用鼠标指向它时，鼠标指针会变为黑十字。

12. _____是一组预定义的颜色、字体、线条和填充效果，可应用于整个工作簿或特定项目，例如图表或表格。

13. 与 Microsoft Office Excel 2003 相比，除了"普通视图"和"分页预览视图"之外，Office Excel 2007 还提供了_____视图，可以使用该视图来创建工作表，同时关注打印格式的显示效果。

14. _____用于表示单元格在工作表上所处位置的坐标集。例如，显示在第 B 列和第 3 行交叉处的单元格，其引用形式为 B3。

15. 公式中的单元格地址基于包含公式的单元格与被引用的单元格之间的相对位置的单元格引用方式是_____。

16. _____含义是把一个含有单元格地址的公式复制到一新的位置时，公式中的单元格地址保持不变。

17. _____的含义是：在一个单元格地址中，既有相对地址引用，又有绝对地址引用。

18. 在 Excel 中，只显示数据列表中满足指定条件的行的操作称为_____。

19. Excel 中绝对引用单元格需在工作表地址前加上_____符号。

20. 选择不连续单元格只要按住_____键同时选择各单元格；而选择连续单元格可以用鼠标_____键框选或者按住_____键同时选择各单元格。

21. 文本数据在单元格内对齐方式默认为_____对齐，数值数据、日期数据和时间数据在单元格内对齐方式默认为_____对齐。

22. 单元格内输入系统时钟的当前日期应按_____键，输入系统时钟的当前时间应按_____键。

23. 公式"=2*3/4"的值为_____，公式"=SUM（1，2，4）"的值为_____，公式"=AVERAGE

（1，3，5）"的值为_____。

24. 图表由_____、_____、_____、_____ 和图例 5 部分组成。

25. 在 Excel 工作表的单元格 D6 中有公式 "=$B$2 + C6"，将 D6 单元格的公式复制到 C7 单元格中，则 C7 单元格的公式为_____。

26. 在 Excel 工作表的单元格 E5 中有公式 "=E3+$E$2"，删除第 D 列后，则 D5 单元格中的公式为_____。

27. 在 Excel 中 "清除内容" 是指对选定的单元格作_____清除，而单元格包括单元格的格式依然存在。

28. 双击某工作表标识符，可以对该工作表进行_____操作。

29. 在 Excel 中在某单元格中输入 "=5=6×7" 则按下回车键此单元格显示为_____。

30. 在 Excel 2007 中输入数据时，如果输入的数据具有某种内在规律，则可以利用它的_____功能。

31. Excel 2007 中包含 4 种数据类型，分别是_____、_____、_____和时间型数据。

32. _____是工作簿的核心，也是工作表的基本组成单位。

33. 将鼠标指针指向某个工作表标签，按下 Ctrl 键，拖动标签到新的位置时，则完成的是_____工作表的操作，拖动时不按 Ctrl 键，则完成_____操作。

34. 在 Excel 中，比较运算符可以比较两个数值并产生逻辑值_____和_____。

35. 在 Excel 单元格中输入公式：="我"&"是"&"中国人"，产生字符串是_____。

第五章
文稿演示系统 PowerPoint 2007 习题

一、单项选择题

1. 演示文稿中的每一页称为（　　），它是演示文稿的核心。
    A. 版式 　　　　　　B. 模板 　　　　　　C. 母版 　　　　　　D. 幻灯片

2. PowerPoint 2007 默认其文件的扩展名为（　　）。
    A. pps 　　　　　　 B. ppt 　　　　　　 C. pptx 　　　　　　D. ppn

3. 关闭 PowerPoint 2007 时会提示是否要保存对演示文稿的修改，如果需要保存该修改应选择（　　）。
    A. 是 　　　　　　　B. 否 　　　　　　　C. 取消 　　　　　　D. 不予理睬

4. 插入一张新幻灯片按钮为（　　）。
    A. 开始 　　　　　　B. 新建幻灯片 　　 C. 插入 　　　　　　D. 设计

5. PowerPoint 2007 系统是一个（　　）软件。
    A. 文字处理 　　　　B. 表格处理 　　　 C. 图形处理 　　　　D. 文稿演示

6. PowerPoint 2007 的大纲窗口中，不可以（　　）。
    A. 删除幻灯片 　　 B. 插入幻灯片 　　 C. 移动幻灯片 　　 D. 添加文本框

7. PowerPoint 2007 中可以对幻灯片进行移动、删除、复制、设置动画效果，但不能编辑幻灯片中具体内容的视图是（　　）。
    A. 大纲视图　　　　　　　　　　　　　B. 幻灯片浏览视图
    C. 幻灯片放映视图　　　　　　　　　　D. 普通视图

8. PowerPoint 2007 相对于以前版本的改进不包括（　　）。
    A. 全新的直观型外观　　　　　　　　　B. 新增和改进的特效
    C. 增强的安全性　　　　　　　　　　　D. 新增了备注页视图

9. 若希望在计算机屏幕上从头放映演示文稿时，正确的操作是单击（　　）。
    A. "开始" 选项卡，在功能区的 "幻灯片" 选项组中单击 "从头开始" 按钮
    B. "设计" 选项卡，在功能区的 "主题" 选项组中单击 "从头开始" 按钮
    C. "动画" 选项卡，在功能区的 "动画" 选项组中单击 "从头开始" 按钮
    D. "幻灯片放映" 选项卡，在功能区的 "开始放映幻灯片" 选项组中单击 "从头开始" 按钮

10. 在 PowerPoint 2007 中，若要建立超链接，可以点击（　　）。
    A. "插入" 选项卡　　　　　　　　　　B. "开始" 选项卡
    C. "设计" 选项卡　　　　　　　　　　D. "加载项" 选项卡

11. 在 PowerPoint 2007 中对普通视图可以进行的操作有（　　）。

    A. 移动、删除、添加和复制幻灯片　　B. 编辑幻灯片中的具体内容

    C. 设置动画效果　　　　　　　　　　D. 以上都是

12. 可删除幻灯片的操作是（　　）。

    A. 在幻灯片的备注页视图中选择幻灯片，再按 Delete 键

    B. 在幻灯片的放映视图中选择幻灯片，再按 Delete 键

    C. 在幻灯片的浏览视图中选中幻灯片，再按 Delete 键

    D. 按 Esc 键

13. 下述有关在幻灯片浏览视图下的操作，不正确的是（　　）。

    A. 采用 "Shift+鼠标左键" 的方式选中多张幻灯片

    B. 在幻灯片浏览视图下可以隐藏幻灯片

    C. 采用鼠标拖动幻灯片可改变幻灯片在演示文稿中的位置

    D. 在幻灯片浏览视图下可以删除幻灯片的某一个对象

14. 下列几种说法正确的是（　　）。

    A. 在幻灯片中插入的声音用一个小喇叭图标表示

    B. 在幻灯片中插入一 CD 曲目时，显示为一个小唱盘图标

    C. 在 PowerPoint 2007 中，可以制作声音

    D. 以上三种说法都正确

15. 在 PowerPoint 2007 中，不能实现的是（　　）。

    A. 文字编辑　　　B. 创建图表　　　C. 绘制图表　　　D. 数据分析

16. PowerPoint 2007 中插入一张图片的过程哪一个是正确的（　　）。

① 打开幻灯片；② 选择并确定想要插入的图片；③ 执行插入图片从文件的命令；④调整被插入的图片的大小、位置等。

    A. ①④②③　　　B. ①③②④　　　C. ③①②④　　　D. ③②④①

17. 当新插入的剪贴画遮挡住原来的对象时，下列哪种说法不正确。（　　）

    A. 可以调整剪贴画的大小

    B. 可以调整剪贴画的位置

    C. 只能删除这个剪贴画，更换大小合适的剪贴画

    D. 调整剪贴画的叠放次序，将被遮挡的对象提前

18. 在 PowerPoint 2007 中，若要设置幻灯片切换时采用特殊的效果，可以使用（　　）。

    A. "开始" 选项卡　　　　　　　　　B. "设计" 选项卡

    C. "插入" 选项卡　　　　　　　　　D. "动画" 选项卡

19. 在 PowerPoint 2007 中，不可以改变幻灯片顺序的视图是（　　）。

    A. 普通　　　　　　　　　　　　　　B. 幻灯片浏览

    C. 幻灯片　　　　　　　　　　　　　D 备注页

20. 在 PowerPoint 2007 中，可以修改幻灯片内容的视图是（　　）。

    A. 普通　　　　　　　　　　　　　　B. 幻灯片浏览

    C. 幻灯片放映　　　　　　　　　　　D. 备注页

21. 在 PowerPoint 2007 中，不属于文本占位符的是（　　）。

    A. 标题　　　　B. 副标题　　　C. 图表　　　D. 普通文本框

22. PowerPoint 2007 提供了多种（　　　），它包含了相应的配色方案、母版和字体样式等，可供用户快速生成风格统一的演示文稿。

  A. 版式　　　　　　B. 主题　　　　　　C. 背景　　　　　　D. 幻灯片

23. 下列说法正确的是（　　　）。

  A. 通过"背景"选项组只能为一张幻灯片添加背景

  B. 通过"背景"选项组只能为所有幻灯片添加背景

  C. 通过"背景"选项组既可以为一张幻灯片添加背景也可以为所有添加背景

  D. 以上说法都不对

24. PowerPoint 2007 的幻灯片母版中一般都包含的占位符是（　　　）。

  A. 标题占位符　　B. 图标占位符　　C. 文本占位符　　D. 页脚占位符

25. 为幻灯片添加编号，应使用（　　　）选项卡。

  A. "开始"　　　　B. "设计"　　　　C. "插入"　　　　D. "视图"

26. PowerPoint 2007 新添加的界面组件为（　　　）。

  A. 任务菜单　　　B. 功能区　　　　C. 备注窗格　　　D. 快速访问工具条

27. 用户编辑演示文稿时的主要视图是（　　　）。

  A. 普通视图　　　　　　　　　　　B. 幻灯片浏览视图

  C. 备注页视图　　　　　　　　　　D. 幻灯片放映视图

28. 下列哪一项不能在绘制的形状上添加文本，（　　　），然后键入文本。

  A. 在形状上单击鼠标右键，选择"编辑文字"命令

  B. 使用"插入"选项卡中的"文本框"命令

  C. 只要在该形状上单击鼠标左键

  D. 单击该形状，然后按回车键

29. 幻灯片的主题不包括（　　　）。

  A. 主题动画　　　B. 主题颜色　　　C. 主题字体　　　D. 主题效果

30. 在幻灯片窗口中需按鼠标左键和（　　　）键来同时选中多个不连续幻灯片。

  A. Ctrl　　　　　B. Tab　　　　　C. Alt　　　　　D. Shift

31. 在幻灯片浏览视图中，可按住（　　　）键，然后用鼠标拖动来复制选定的幻灯片。

  A. Ctrl　　　　　B. Alt　　　　　C. Shift　　　　D Tab

32. 在空白幻灯片中不可以直接插入（　　　）。

  A. 文本框　　　　B. 文字　　　　C. 艺术字　　　　D. Word 表格

33. 幻灯片中占位符的作用是（　　　）。

  A. 表示文本长度　　　　　　　　　B. 限制插入对象的数量

  C. 表示图形大小　　　　　　　　　D. 为文本、图形预留位置

34. 在幻灯片中插入艺术字，需要单击"插入"选项卡，在功能区的（　　　）选项组中，单击"艺术字"按钮。

  A. "文本"　　　　B. "表格"　　　　C. "插图"　　　　D. "链接"

35. PowerPoint 2007 中也可以完成统计、计算等功能，这是通过插入（　　　）来实现的。

  A. 空白表格　　　B. Excel 表格　　C. 绘制表格　　　D. SmartArt 图形

36. 下列哪一项不属于"插图"选项组的按钮?（　　　）

  A. 图片　　　　　B. 剪贴画　　　　C. 表格　　　　　D. SmartArt 图形

37. SmartArt 图形不包含下面的（　　　）。

    A. 图表   B. 流程图   C. 循环图   D. 层次结构图

38. PowerPoint 2007 中是通过（　　　）的方式来插入 Flash 动画的。

    A. 插入 ActiveX 控件   B. 插入影片

    C. 插入声音   D. 插入插图

39. 在演示文稿中，在插入超级链接中所链接的目标，不能是（　　　）。

    A. 另一个演示文稿   B. 同一演示文稿的某一张幻灯片

    C. 其他应用程序的文档   D. 幻灯片中的某个对象

40. 下面的对象中，不可以设置链接的是（　　　）。

    A. 文本上   B. 背景上   C. 图形上   D. 剪贴画上

41. PowerPoint 2007 中，执行了插入新幻灯片的操作，被插入的幻灯片将出现在（　　　）。

    A. 当前幻灯片之前   B. 当前幻灯片之后

    C. 最前   D. 最后

42. 幻灯片母版是模板的一部分，它存储的信息不包括（　　　）。

    A. 文本内容   B. 颜色主题、效果和动画

    C. 文本和对象占位符的大小   D. 文本和对象在幻灯片上的放置位置

43. 改变演示文稿外观可以通过（　　　）。

    A. 修改主题   B. 修改背景样式

    C. 修改母版   D. 以上三种都可以

44. 如果要在某一张幻灯片中设置不同元素的动画效果，应该使用"动画"组中的（　　　）按钮。

    A. 自定义动画   B. 幻灯片切换   C. 动作设置   D. 自定义放映

45. 在 PowerPoint 2007 的"切换到次幻灯片"选项组中，允许的设置是（　　　）。

    A. 设置幻灯片切换时的视觉效果和听觉效果

    B. 只能设置幻灯片切换时的听觉效果

    C. 只能设置幻灯片切换时的视觉效果

    D. 只能设置幻灯片切换时的定时效果

46. 在演示文稿放映过程中，可随时按（　　　）键终止放映，返回到原来的视图中。

    A. Alt   B. Esc   C. Pause   D. Ctrl

47. 设置幻灯片放映时间可以使用（　　　）。

    A. "幻灯片放映"选项卡中的"预设动画"按钮

    B. "幻灯片放映"选项卡中的"动作设置"按钮

    C. "幻灯片放映"选项卡中的"排练计时"按钮

    D. "插入"选项卡中的"日期和时间"按钮

48. 幻灯片放映过程中，单击鼠标右键，选择"指针选项"中的荧光笔，在讲解过程中可以进行写画，其结果是（　　　）。

    A. 对幻灯片进行了修改

    B. 对幻灯片没有进行修改

    C. 写画的内容留在了幻灯片上，下次放映时还会显示出来

    D. 写画的内容可以保存起来，以便下次放映时显示出来

49. 在幻灯片放映过程中，单击鼠标右键弹出的控制幻灯片放映的菜单中包含下面的（　　）。

    A. 上一页：跳至当前幻灯片的前一页

    B. 定位至幻灯片：跳转至演示文稿的指定页

    C. 指针选项：可以在放映时，给幻灯片添加标注

    D. A、B、C 全部包括

50. 为了精确控制幻灯片的放映时间，一般使用下列哪种操作？（　　）

    A. 设置切换效果　　　　　　　　B. 设置换页方式

    C. 排练计时　　　　　　　　　　D. 设置每隔多少时间换页

51. PowerPoint 2007 "准备"菜单项包括下面哪项安全措施？（　　）

    A. 加密文档　　　B. 限制权限　　　C. 添加数字签名　　D. 以上全包括

52. 绘制图形时按（　　）键图形为正方形 。

    A. Shift　　　　　B. Ctrl　　　　　C. Tab　　　　　D. Alt

53. 将一个幻灯片上多个已选中自选图形组合成一个复合图形，使用（　　）。

    A. "设计"选项卡　　　　　　　B. 右键弹出的快捷菜单

    C. "插入"选项卡　　　　　　　D. "视图"选项卡

54. 改变对象大小时，按下"Ctrl"键时出现的结果是（　　）。

    A. 以图形对象的中心为基点进行缩放

    B. 按图形对象的比例改变图形的大小

    C. 只有图形对象的高度发生变化

    D. 只有图形对象的宽度发生变化

55. PowerPoint 2007 中，插入新幻灯片的操作可以在（　　）下进行。

    A. 列举的三种视图方式　　　　　B. 普通视图

    C. 幻灯片浏览视图　　　　　　　D. 大纲视图

56. PowerPoint 2007 中，选一个自选图形，打开"格式"对话框，不能改变图形的（　　）。

    A. 旋转角度　　　B. 大小尺寸　　　C. 内部颜色　　　D. 形状

57. 打印演示文稿时，如在"打印内容"栏中选择"讲义"，则每页打印纸上最多能输出（　　）张幻灯片。

    A. 4　　　　　　　B. 2　　　　　　　C. 6　　　　　　　D. 9

58. 在 PowerPoint 2007 中，不可以在"字体"对话框中进行设置的是（　　）。

    A. 文字对齐格式　　B. 文字颜色　　　C. 文字大小　　　D. 文字字体

59. 对于演示文稿中不准备放映的幻灯片可以用（　　）选项卡中的"隐藏幻灯片"按钮进行隐藏。

    A. "开始"　　　　B. "幻灯片放映"　C. "设计"　　　　D. "审阅"

60. PowerPoint 2007 中没有的文本对齐方式是（　　）。

    A. 两端对齐　　　B. 分散对齐　　　C. 右对齐　　　　D. 向上对齐

二、判断题

1. 利用 PowerPoint 2007 可以把演示文稿存储成.doc 格式。（　　）

2. PowerPoint 2007 未提供添加音效或旁白的功能。（　　）

3. 在 PowerPoint 2007 中，可在利用绘图工具绘制的图形中加入文字。（　　）

4. 在 PowerPoint 2007 中，可以向快速访问栏中添加您所喜爱的命令。（　　）

5. 播放演示文稿的过程称为"幻灯片放映"。　　（　　　）

6. 在 PowerPoint 2007 中放映幻灯片时，按 Esc 键可以结束幻灯片放映。　　（　　　）

7. 若要启动 PowerPoint 2007，应右键单击计算机桌面。　　（　　　）

8. 在 PowerPoint 2007 中将一张幻灯片上的内容全部选定的快捷键是 Ctrl + A。　　（　　　）

9. 若要打开以前保存的演示文稿，应双击该演示文稿文件。　　（　　　）

10. 在 PowerPoint 2007 中，在幻灯处浏览视图中复制某张幻灯片，可按 Ctrl 键的同时用鼠标拖放幻灯片到目标位置。　　（　　　）

11. 可以像在 Word 中一样在 PowerPoint 幻灯片中的任意位置输入文本。　　（　　　）

12. 在 PowerPoint 2007 中，在文字区中输入文字，只要单击鼠标即可。　　（　　　）

13. 在 PowerPoint 2007 中，若要设置文本框中所有文本的格式，应选中该文本框的边框。（　　　）

14. 不能更改添加到演示文稿中的幻灯片版式。　　（　　　）

15. 在 PowerPoint 2007 中，显示"打印预览"时，不能更改打印对象。　　（　　　）

16. PowerPoint2007 中，采用幻灯片浏览视图模式，用户可以看到整个演示文稿的内容，整体效果，可以浏览个幻灯片及其相对位置。　　（　　　）

三、填空题

1. PowerPoint 2007 程序中的用户界面已经全面重新设计，"文件"菜单已经由_____替代。

2. 快速访问工具栏是一个可自定义的工具栏，它包含一组独立于当前所显示的选项卡的命令。它两个可能的位置分别是_____旁边的左上角（默认位置）与_____下方。

3. PowerPoint 2007_____压缩格式可使文件大小显著减小，同时还能够提高受损文件的数据恢复能力。这种新格式可以大大节省存储和带宽要求，并可降低 IT 成本负担。

4. 在 PowerPoint 2007 的"幻灯片版式"中提供了_____种版式。

5. 在 PowerPoint 2007 中，在幻灯片的背景设置过程中如果应用到_____，则目前背景设置对演示文稿的所有的幻灯片起作用；如果应用到_____，则目前背景设置只对演示文稿的当前选定幻灯片起作用。

6. 功能区是 PowerPoint 2007 用户界面的一部分，旨在帮助用户快速找到完成某一任务所需的命令。命令按逻辑组的形式组织，逻辑组集中在_____下。无法删除功能区或者无法将早期版本的 Microsoft Office 中的工具栏和菜单替换为功能区。但是，可以_____功能区以增大屏幕上可用的空间。

7. PowerPoint 2007 普通视图是主要的编辑视图，可用于撰写或设计演示文稿。该视图有四个工作区域：_____、_____、_____和_____。

8. _____是一组格式选项，包括一组主题颜色、一组主题字体（包括标题字体和正文字体）和一组主题效果（包括线条和填充效果）。

9. _____是一种带有虚线边缘的框，绝大部分幻灯片版式中都有这种框。

10. 在 PowerPoint 2007 中删除演示文稿中的一张幻灯片的方法之一是：单击要删除的幻灯片，再按下_____键，即可删除该张幻灯片。

11. 在 PowerPoint 2007 中，若想改变文本的字体，应使用_____选项卡中的_____选项组。

12. 在 PowerPoint 2007 中可以为文本，图形等对象设置动画效果，以突出重点或增加演示文稿的趣味性，设置动画效果可采用_____选项卡的"自定义动画"按钮。

13. 在 PowerPoint 2007 中，在_____视图和_____视图下可以改变幻灯片的顺序。

14. _____包括以下几类：列表、流程、循环、层次结构、关系、矩阵和棱锥图等。

15. 在 PowerPoint 2007 中，可以对幻灯片进行移动，删除，复制以及设置切换效果，但不能对每张幻灯片的内容进行编辑的视图是_____。

16. 在"自定义动画"窗格中，有 4 种类型的特效可供选择：_____、_____、_____和_____。

17. 在 PowerPoint 2007 窗口标题栏的右侧一般有 3 个按钮，分别是_____、_____和_____按钮。

18. 在 PowerPoint 2007 中，如果向幻灯片添加现场录制的声音效果，可以选择_____选项卡上"媒体剪辑"选项组中"声音"按钮，单击其上的三角按钮，在弹出的下拉列表中选择_____。

19. 在 PowerPoint 2007 中若想选择演示文稿中指定的幻灯片进行播放，可以选择_____选项卡中的"自定义幻灯片放映"按钮。

20. 如果想让公司的标志以相同的位置出现在每张幻灯片上，不必在每张幻灯片插上该标志，只要简单地将标志放在幻灯片的_____上，该幻灯片就会自动的出现在演示文稿的每张幻灯片。

21. 在不启动 PowerPoint 2007 的情况下，启动幻灯片放映的方式是将演示文稿的后缀名保存为_____。

22. 如果想以整页的方式查看和使用备注，要选择_____视图。

23. PowerPoint 2007 的一大特色就是可以使演示文稿的所有的幻灯片具有一致的外观，控制幻灯片外观的方法主要有_____。

24. 在 PowerPoint 2007 中，幻灯片放映时的切换速度分别为_____、_____和_____。

25. 在 PowerPoint 2007 中，若想向幻灯片中插入影片，应选择_____选项卡。

26. 在 PowerPoint 2007 中提供了左对齐、右对齐、居中对齐、_____和_____五种对齐方式。

27. 如要在幻灯片浏览视图中选定若干张编号不连续的幻灯片，那么应先按住_____键，再分别单击各张幻灯片。

28. PowerPoint 2007 有四种主要视图：_____、_____、_____、_____。

29. 在 PowerPoint 2007 中，播放幻灯片可以直接点击状态栏中的"幻灯片放映"视图按钮；可以使用"幻灯片放映"选项卡上"开始放映幻灯片"选项组中的按钮；还可以使用_____选项卡中的"幻灯片放映"按钮；还可以利用快捷键_____。

30. 在 PowerPoint 2007 中，若想打印演示文稿，则应单击_____，然后单击"打印"。

第六章
计算机网络习题

一、单项选择题

1. 收藏夹是用来（　　　）。
   A. 记忆感兴趣的页面的内容　　　B. 记忆感兴趣的页面地址
   C. 收集感兴趣的文件内容　　　　D. 收集感兴趣的文件名

2. 计算机网络的目标是实现（　　　）。
   A. 文件检索　　　　　　　　　　B. 数据处理
   C. 资源共享和数据传输　　　　　D. 信息传输

3. Internet 上许多不同的复杂的网络和许多不同类型的计算机网络的计算机赖以相互通信的基础是（　　　）。
   A. TCP/IP　　　　B. ATM　　　　C. Novell　　　　D. X.25

4. 电子邮件协议 POP3 实现的主要目的是（　　　）。
   A. 发送邮件　　　B. 创建邮件　　　C. 管理邮件　　　D. 接收邮件

5. 在计算机网络中，通常把提供并管理共享资源的计算机称为（　　　）。
   A. 服务器　　　　B. 网关　　　　C. 工作站　　　　D. 网桥

6. 电子邮件能传送的信息是（　　　）。
   A. 是压缩的文字和图像信息　　　B. 只能是文本格式的文件
   C. 是标准的 ASCII 字符　　　　D. 是文字，声音和图形图像信息

7. TCP/IP 的互联层采用 IP 协议，它相当于 OSI 参考模型中网络层中的（　　　）。
   A. 面向无连接的网络服务　　　　B. 传输控制协议
   C. 面向连接的网络服务　　　　　D. X.25 协议

8. elle@nankai.edu.cn 是一种典型的用户（　　　）。
   A. WWW 地址　　　　　　　　　B. 硬件地址
   C. 电子邮件地址　　　　　　　　D. 数据

9. FTP 是 Internet 中（　　　）。
   A. 发送电子邮件的软件　　　　　B. 一种聊天工具
   C. 用来传送文件的一种服务　　　D. 浏览网页的工具

10. 在对 Outlook Express 进行设置时，在"接收邮件服务器"栏最可能的是填写下面（　　　）邮件服务器的地址。
   A. www.citiz.net　　　　　　　B. smtp.citiz.net
   C. pop.citiz.net　　　　　　　D. 以上都不对

11. 下列属于计算机网络所特有的设备是（　　　）。
    A. 鼠标器　　　　　B. UPS 电源　　　　C. 路由器　　　　　D. 显示器

12. 传输速率的单位是（　　　）。
    A. 帧/秒　　　　　　B. 字节/秒　　　　　C. 分组/秒　　　　　D. 位/秒

13. 计算机网络的最大优点是（　　　）。
    A. 共享资源　　　　B. 加快计算　　　　C. 增大容量　　　　D. 节省人力

14. 一封完整的电子邮件都由（　　　）。
    A. 信头和信体组成　　　　　　　　　B. 主体和信体组成
    C. 信体和附件组成　　　　　　　　　D. 主体和附件组成

15. 在计算机网络中，表征数据传输可靠性的指标是（　　　）。
    A. 传输率　　　　　B. 误码率　　　　　C. 频带利用率　　　D. 信息容量

16. 邮件服务器的邮件接收协议是（　　　）。
    A. PPP　　　　　　B. HTML　　　　　C. SMTP　　　　　D. POP3

17. 下面不属于顶级域名的是（　　　）。
    A. GOV　　　　　　B. EXE　　　　　　C. COM　　　　　　D. NET

18. 一座大楼内的一个计算机网络系统，属于（　　　）。
    A. MAN　　　　　　B. LAN　　　　　　C. PAN　　　　　　D. WAN

19. IE 浏览器"安全"选项卡，没有列出的区域是（　　　）。
    A. "Internet"区域　　　　　　　　　B. "本地 Internet"区域
    C. "可信站点"区域　　　　　　　　　D. "受限站点"区域

20. 下列网络属于广域网的是（　　　）。
    A. 因特网　　　　　B. 企业内部网　　　C. 校园网　　　　　D. 以上网络都不是

21. 应用代理服务器访问因特网一般是因为（　　　）。
    A. 多个计算机仅有的一个 IP 地址访问因特网
    B. 通过拨号方式上网
    C. 通过局域网上网时
    D. 以上原因都不对

22. 广域网一般采用（　　　）传输方式。
    A. 广播　　　　　　B. 交换　　　　　　C. 分组转发　　　　D. 存储转发

23. 下述选项中不属于浏览器的是（　　　）。
    A. Opera　　　　　　　　　　　　　　B. Internet　Explorer
    C. Netscape　　　　　　　　　　　　D. Outlook　Express

24. Internet Explorer 主界面"工具"菜单的"Internet 选项"可以完成下面的（　　　）功能。
    A. 设置字体　　　　　　　　　　　　B. 设置主页
    C. 设置安全级别　　　　　　　　　　D. 以上都可以

25. 网络类型按通信网络的拓扑结构分为（　　　）。
    A. 星形网络，卫星网络，电缆网络，树形网络
    B. 星形网络，无线网络，电缆网络，树形网络
    C. 星形网络，光纤网络，电缆网络，树形网络
    D. 星形网络，总线网络，环形网络，树形网络

26. 因特网采用的核心技术是（ ）。

    A. TCP/IP   B. 远程通信技术   C. 局域网技术   D. 光纤技术

27. 计算机网络拓扑是通过网络中结点与通信线路之间的几何关系来反映出网络中各实体间的（ ）。

    A. 逻辑关系   B. 层次关系   C. 结构关系   D. 服务关系

28. 电子邮件写 SMTP 和 POP3 属于 TCP/IP 模型的（ ）。

    A. 最高层   B. 最低层   C. 第二层   D. 次高层

29. 单击 IE 浏览器中工具栏"刷新"按钮，下面有关叙述一定正确的是（ ）。

    A. 可以更新当前的网页

    B. 可以终止当前显示的传输，返回空白页面

    C. 可以更新当前浏览器的设定

    D. 以上说法都不对

30. 计算机网络按照地理覆盖范围的大小可以分为三类，它们是（ ）。

    A. X.25、ATM、B-ISDN   B. 广播式网络、移动网络、点—点式网络

    C. Internet、Intranet、Extranet   D. LAN、MAN、WAN

31. 浏览器的标题栏显示"脱机工作"则表示（ ）。

    A. 计算机没有连接因特网   B. 浏览器没有联机工作

    C. 计算机没有开机   D. 以上说法都不对

32. 下列域名中，属于教育机构的是（ ）。

    A. www.ioa.ac.cn   B. ftp.cnc.ac.cn

    C. ftp.bat.net.cn   D. www.pku.edu.cn

33. 关于"链接"，下列说法正确的是（ ）。

    A. 链接指将约定的设备用线路连通   B. 链接将文件与当前的文件合并

    C. 点击链接就会转向链接指定的地方   D. 链接为发送电子邮件做好准备

34. 下列各项中，不能作为 IP 地址的是（ ）。

    A. 159.226.1.18   B. 202.110.7.12

    C. 112.256.23.8   D. 202.96.0.1

35. 有线电视（CATV）所使用的传输介质是（ ）。

    A. 同轴电缆   B. 无屏蔽的双绞线

    C. 光缆   D. 带屏蔽的双绞线

36. Internet 的前身是美国国防部资助建成的（ ）网。

    A. UNIX   B. Intranet   C. ARPA   D. TCP/IP

37. 关于电子邮件时，下列说法中错误的是（ ）。

    A. 发件人必须有自己的 E-mail 账号

    B. 发送电子邮件需要 E-mail 软件支持

    C. 发件人必须知道收件人的邮政编码

    D. 必须知道收件人的 E-mail 地址

38. 下列不属于保证网络安全的因素的是（ ）。

    A. 安装防火墙   B. 使用高档机器

    C. 使用计算机者的安全素养   D. 拥有最新的防毒防黑的软件

39. 使用电子邮件的首要条件是要拥有一个（　　　）。

    A. 计算机　　　　　　B. 网站　　　　　　C. 网页　　　　　　D. 电子邮件地址

40. 电子邮件应用程序实现 SMTP 的主要的目的是（　　　）。

    A. 管理邮件　　　　　　　　　　　　B. 发送邮件

    C. 创建邮件　　　　　　　　　　　　D. 接收邮件

41. 远程登录服务是（　　　）。

    A. SMPT　　　　　　B. FTP　　　　　　C. DNS　　　　　　D. TELNET

42. 使用邮件转发功能可以（　　　）。

    A. 将邮件转到指定的电子邮箱　　　　B. 自动回复邮件

    C. 邮件不会保存在收件箱　　　　　　D. 可以保存在草稿箱

43. DNS 指的是（　　　）。

    A. 用户数据报协议　　　　　　　　　B. 文件传输协议

    C. 简单邮件传输协议　　　　　　　　D. 域名服务协议

44. 国际标准化组织（ISO）制定的开发系统互连（OSI）参考模型，有七个层次，下列四个层次中最高的是（　　　）。

    A. 表示层　　　　　B. 会话层　　　　　C. 网络层　　　　　D. 物理层

45. OSI 参考模型的最高层是（　　　）。

    A. 表示层　　　　　B. 会话层　　　　　C. 应用层　　　　　D. 网络层

46. 组建计算机网络的目的是实现联网计算机系统的（　　　）。

    A. 数据共享　　　　B. 软件共享　　　　C. 硬件共享　　　　D. 资源共享

47. TCP/IP 是（　　　）。

    A. 网络名　　　　　B. 网络协议　　　　C. 网络服务　　　　D. 网络应用

48. FTP 指的是（　　　）。

    A. 文件传输协议　　　　　　　　　　B. 简单邮件传输协议

    C. 用户数据报协议　　　　　　　　　D. 域名服务协议

49. 电子邮件的地址由两部分组成，用@分开，其中@左边为（　　　）。

    A. 用户名　　　　　B. 密码　　　　　　C. 本机地址　　　　D. 机器名

50. 下面是因特网提供的 4 种基本服务的是（　　　）。

    A. 网络管理服务、TELENT 服务、专题讨论、万维网服务

    B. FTP 服务、TELENT 服务、邮件服务、万维网服务

    C. FTP 服务、匿名服务、邮件服务、万维网服务

    D. FTP 服务、网络管理服务、邮件服务、万维网服务

51. 用 IE 浏览器上网时，要进入某一网页时，可在 IE 的 URL 栏中输入该网页的（　　　）。

    A. 只能是域名　　　　　　　　　　　B. 只能是 IP 地址

    C. 实际的文件名称　　　　　　　　　D. IP 地址或域名

52. 若某一个用户要拨号上网，（　　　）是不必要的。

    A. 一个路由器　　　　　　　　　　　B. 一条普通的电话线

    C. 一个上网账号　　　　　　　　　　D. 一个调制解调器

53. IP 地址由（　　　）位二进制数组成。

    A. 16　　　　　　　B. 8　　　　　　　C. 4　　　　　　　D. 32

54. 域名与 IP 地址一一对应，因特网是靠（ ）完成这种对应关系。

    A. DNS   B. PING   C. TCP   D. IP

55. Internet 是一个覆盖全球的大型互联网络，它用于连接多个远程网与局域网的互联设备主要是（ ）。

    A. 网桥   B. 放火墙   C. 主机   D. 路由器

56. 接入因特网，从大的方面来看，有（ ）两种方式。

    A. 仿真终端和专用线路接入   B. 专用线路接入和电话线拨号

    C. 电话线拨号和 PPP/SLIT   D. 专用线路接入和 DDN

57. 如果电子邮件到达时，用户的电脑没有开机，那么电子邮件（ ）。

    A. 保存在服务商的主机上   B. 永远不再发送

    C. 过一会儿对方再发送   D. 退回给发送人

58. Internet Explorer 6.0 可以播放 （ ）。

    A. 图片   B. 文本   C. 声音   D. 以上都可以

59. "TCP/IP" 设置可通过（ ）。

    A. 在我的电脑的 "Internet 选项" 图标

    B. 控制面板的 "添加/删除程序" 图标

    C. 控制面板的 "网络连接" 图标

    D. 控制面板的 "调制解调器" 图标

60. 访问某个网页显示 "该网页无法显示"，可能是因为（ ）。

    A. 网页不存在   B. 没有链接 Internet

    C. 网址不正确   D. 以上都有可能

61. 在以下 4 个 WWW 网址中，不符合 WWW 网址书写规则的是（ ）。

    A. www.tj.net.jp   B. www.nk.cn.du

    C. www.863.org.cn   D. www.163.com

62. 域名系统组成不包括（ ）。

    A. 域名服务器   B. 地址转换请求程序

    C. 域名空间   D. 分布式数据库

63. 下列四项内容中，不属于 Internet 基本功能的是（ ）。

    A. 远程登录   B. 文件传输

    C. 电子邮件   D. 实时监测控制

64. 调制解调器的作用是（ ）。

    A. 将模拟信号转换成为计算机的数字信号，以便接收

    B. 将计算机数字信号转换成为模拟信号，以便发送

    C. 将计算机的数字信号与模拟信号相互转换，以便传输

    D. 为了上网与接电话两不误

65. 下面关于域名系统内容正确的是（ ）。

    A. CN 代表中国，COM 代表商业机构

    B. UK 代表美国，GOV 代表政府机构

    C. CN 代表中国，EDU 代表科研机构

    D. UK 代表中国，AC 代表教育机构

66. 目前，一台计算机要连入 Internet，必须安装的硬件是（　　）。
    A. 网卡　　　　　　　　　　　　B. 网络查询工具
    C. 网络操作系统　　　　　　　　D. WWW 浏览器

67. 用户拨号上网时，因特网服务供应商一般会（　　）。
    A. 给用户决定接入的用户名　　　B. 指定用户的拨号接入电话
    C. 指定用户上网的 IP 地址　　　D. 给用户一个固定的口令

68. 目前全球最大的中文搜索引擎是是（　　）。
    A. 雅虎　　　B. 百度　　　C. Google　　　D. 新浪

69. 关于因特网服务的叙述不正确的是（　　）。
    A. WWW 是一种集中式超媒体信息查询系统
    B. FTP 匿名服务器是的标准目录一般为 pub
    C. 远程登录可以使用计算机来访问终端设备
    D. 电子邮件是因特网上使用最广泛的一种服务之一

70. 在网络体系结构中，OSI 表示（　　）。
    A. Operating System Information　　B. Open System Information
    C. Open System Interconnection　　D. Operating System Interconnection

71. 下列关于 WWW 说法，不正确的是（　　）。
    A. 万维网包括各种各样的信息，如文本，声音，图像和视频等。
    B. 是因特网上最为先进，但尚不具有交互性
    C. WWW 是一个分布式超媒体信息查询系统
    D. 万维网采用了"超文本"的技术，使得用户可以通过简单的方法就可获得因特网上的各种信息

72. 计算机网络中可以共享的资源包括（　　）。
    A. 共享文件，网络打印机，联机数据，通信信道
    B. 硬件，程序，数据，通信信道
    C. 主机，外设，软件，通信信道
    D. 主机，程序，数据，通信信道

73. 在星型局域网结构中，连接文件服务器与工作站的设备是（　　）。
    A. 调制解调器　　　　　　　　　B. 交换机
    C. 集线器　　　　　　　　　　　D. 路由器

74. （　　）是整个协议层次结构中最核心的一层。
    A. 网络层　　　B. 传输层　　　C. 会话层　　　D. 应用层

75. 下面关于 WWW 的描述正确的是（　　）。
    A. WWW 就是 FTP　　　　　　　B. WWW 是超文本信息检索工具
    C. WWW 就是 WAI　　　　　　　D. WWW 使用 HTTP

二、填空题

1. 计算机网络主要由_____和_____两部分组成。

2. Internet 提供服务所采用的模式是_____。

3. Modem 分为_____、_____和_____三种类型。

4. 按网络的_____分类：计算机网络可以分为窄带网和宽带网。

5. OSI 模型有_____、_____、_____、_____、会话层、表示层和应用层七个层次。

6. 调制解调器的作用是实现_____信号和_____信号之间的转换。

7. 1993 年美国宣布了国家信息基础设施（NII）建设计划，又被称为_____。

8. URL 的中译名是_____，其格式是_____。

9. 计算机网络依据其拓扑结构可分为_____、_____、_____树型和网状型等。

10. 在 TCP/IP 协议簇中，运输层的_____协议提供了一种可靠的数据流服务。

11. Internet 网络层最重要的协议是_____，它可将多个网络互连成一个网络。

12. Internet 中的常用 IP 地址分为 A、B、C 三类，其中_____类地址一般分配给小型网络使用；_____类使用通常分配给规模中等的网络使用。

13. 传输媒体可以分为_____和_____两大类。

14. TCP/IP 是因特网的核心协议，其中 TCP 是_____层协议，IP 是_____层协议。

15. 在星形拓扑，环形拓扑，总线拓扑结构中，故障诊断和隔离相对比较容易的一种网络拓扑是_____。

16. Outlooks Express 是集成在_____操作系统中集成的电子邮件收发工具。

17. 万维网（WWW）的英文全称是_____。

18. ISP 是_____的缩写，是提供因特网接入服务的机构。

19. 计算机网络按照地理覆盖范围，通常分为_____、_____、_____。

20. 邮箱注册成功以后，_____不可以更改。

21. Internet 用_____协议实现各网络之间的互联。

22. 所谓_____是每台主机在 Internet 上必须有的一个唯一的标识。

23. 局域网软件主要有网卡驱动程序和_____两部分组成。

24. 局域网通信选用的有线类通信媒体通常是专用的同轴电缆，双绞线和_____。

25. 路由器是一种工作在_____层的网络互连设备。

26. ATM 是指异步传输模式，是一种_____连接的快速分组交换技术。

27. ADSL 是指_____，是一种利用_____接入因特网的方式，是目前家庭用户接入因特网最主要的技术之一。

28. 将不同类型的网络互联在一起的设备称为_____。它具有判断网络地址和选择路径的功能，是一种广域网技术。

29. 依据信号的幅值取值是否连续，可以将信号分为_____和_____两大类。

30. 数据传输率的单位为_____。

第七章
常用工具软件习题

一、单项选择题

1. 一键还原精灵是一款（　　）。
   A. 杀毒软件　　　　B. 音频处理软件　C. 图像处理软件　　D. 系统工具软件

2. 下列属于邮件收发工具的软件是（　　）。
   A. PPStream　　　　B. 腾讯 QQ　　　　C. Foxmail　　　　D. Office

3. 下列哪个软件具有查杀木马功能（　　）。
   A. 木马克星　　　　B. 光影魔术手　　C. 超级兔子　　　　D. 暴风影音

4. 下列不属于下载软件迅雷的功能是（　　）。
   A. 快速下载文件　　　　　　　　　B. 批量下载文件
   C. 制作 Torrent 文件　　　　　　　D. 限速下载文件

5. 下列说法错误的是（　　）。
   A. PPLive 可以将播放目录中的电视或电影内容保存到本地硬盘上，以便以后观看
   B. BitComet 在下载资源时，用户越多，大家下载的速度也就越快
   C. FTP 采用的是客户机/服务器架构
   D. 使用 FTP，用户可以获取 Internet 丰富的资源

6. 为了防止重要的文件被轻易窃取，WinRar 通过什么操作来保护文件（　　）。
   A. 快速压缩　　　　B. 设置密码　　　　C. 分卷压缩　　　　D. 解压到指定文件夹

7. 在 Nero Burning Rom 中刻录音乐光盘和数据光盘的操作有什么异同点？（　　）
   A. 刻录音乐光盘必须选择相应的选项，而数据光盘可以直接选择刻录 CD-Rom
   B. 都可以选择"音乐光盘"选项
   C. 都可以选择 CD-Rom 选项
   D. 刻录数据光盘必须选择相应的选项，而音乐光盘可以直接选择刻录 CD-Rom

8. PartitionMagic 是一款（　　）工具。
   A. 杀毒软件　　　　B. 硬盘分区　　　　C. 播放器　　　　D. 浏览器

9. GoldWave 是一款功能强大的（　　）软件。
   A. 杀毒软件　　　　B. 系统维护软件　C. 音频编辑工具　D. 办公软件

10. 下列哪个软件不具有查杀病毒功能（　　）。
    A. 诺顿　　　　　　B. 金山毒霸　　　　C. 卡巴斯基　　　　D. 暴风影音

二、填空题

1. 360 安全卫士是国内最受欢迎免费_____工具软件之一，能为用户提供全方位系统安全

保护。

2. 超级兔子是一款完整的_____工具，拥有与优化相关的功能，软件采用_____操作方式，每一个步骤都有详细的解释和介绍。

3. Ghost 是_____工具软件，在纯 DOS 和 Windows 两种环境下都可以运行，它在纯 DOS 环境中运行时有两种运行模式，即_____和_____。

4. WinZip 和 WinRar 均为优秀的_____软件，其中 WinRar 可将文件压缩为_____和_____两种格式。

5. 迅雷是一款基于_____技术的下载软件。

6. Nero Burning ROM 是_____公司出品的老牌_____软件，不仅性能优异，而且功能强大，是目前支持光盘格式最丰富的刻录工具之一。

7. Daemon Tools 是一个优秀的_____工具软件。

8. 系统使用的时间长了，会产生_____，过多的碎片不仅会导致系统性能降低，而且可能造成存储文件的丢失，严重时，甚至缩短硬盘寿命。

9. 在 Windows 系统中，单击键_____可将整个屏幕截图复制到剪贴板，而若想将活动窗口信息截图到剪贴板，则需要按_____组合键。

10. Windows XP 自带的计算器软件包括一个_____计算器和一个_____计算器。当想要进行数制转换时，需要使用_____计算器。

第八章
程序设计基础习题

一、单项选择题

1. 软件是指（　　）。

    A. 程序   B. 程序和文档

    C. 算法加数据结构   D. 程序、数据与相关文档的完整集合

2. 软件按功能可以分为应用软件、系统软件和支撑软件（或工具软件）。下面属于应用软件的是（　　）。

    A. 学生成绩管理系统   B. C 语言编译程序

    C. UNIX 操作系统   D. 数据库管理系统

3. 软件按功能可以分为：应用软件、系统软件和支撑软件（或工具软件）。下面属于系统软件的是（　　）。

    A. 编辑软件   B. 操作系统   C. 教务管理系统   D. 浏览器

4. 下列叙述中正确的是（　　）。

    A. 程序执行的效率与数据的存储结构密切相关

    B. 程序执行的效率只取决于程序的控制结构

    C. 程序执行的效率只取决于所处理的数据量

    D. 以上三种说法都不对

5. 下列选项中不属于结构化程序设计原则的是（　　）。

    A. 可封装   B. 自顶向下   C. 模块化   D. 逐步求精

6. 下列叙述中，不符合良好程序设计风格要求的是（　　）。

    A. 程序的效率第一，清晰第二   B. 程序的可读性好

    C. 程序中要有必要的注释   D. 输入数据前要有提示信息

7. 结构化程序所要求的基本结构不包括（　　）。

    A. 顺序结构   B. goto 跳转   C. 分支结构   D. 重复（循环）结构

8. 下列选项中不符合良好程序设计风格的是（　　）。

    A. 源程序要文档化   B. 数据说明的次序要规范化

    C. 避免滥用 goto 语句   D. 模块设计要保证高耦合、高内聚

9. 在面向对象方法中，实现信息隐蔽是依靠（　　）。

    A. 对象的继承   B. 对象的多态   C. 对象的封装   D. 对象的分类

10. 下面选项中不属于面向对象程序设计特征的是（　　）。

    A. 继承性   B. 多态性   C. 类比性   D. 封装性

11. 在软件开发中，需求分析阶段产生的主要文档是（　　）。

 A. 可行性分析报告　　　　　　　　B. 软件需求规格说明书

 C. 软件详细设计说明书　　　　　　D. 用户手册

12. 在结构化程序设计中，模块划分的原则是（　　）。

 A. 各模块应包括尽量多的功能

 B. 各模块的规模应尽量大

 C. 各模块之间的联系应尽量紧密

 D. 模块内具有高内聚度，模块间具有低耦合度

13. 下面描述中，不属于软件危机表现的是（　　）。

 A. 软件过程不规范　　　　　　　　B. 软件开发生产率低

 C. 软件质量难以控制　　　　　　　D. 软件成本不断提高

14. 软件生命周期是指（　　）。

 A. 软件产品从提出、实现、使用维护到停止使用退役的过程

 B. 软件从需求分析、设计、实现到测试完成的过程

 C. 软件的开发过程

 D. 软件的运行维护过程

15. 面向对象方法中，继承是指（　　）。

 A. 一组对象所具有的相似性质　　　B. 一个对象具有另一个对象的性质

 C. 各对象之间的共同性质　　　　　D. 类之间共享属性和操作的机制

16. 下列叙述中正确的是（　　）。

 A. 程序设计就是编制程序　　　　　B. 程序的测试必须由程序员自己去完成

 C. 程序经调试改错后还应进行再测试　D. 程序经调试改错后不必进行再测试

17. 软件生命周期可分为定义阶段，开发阶段和维护阶段。详细设计属于（　　）。

 A. 定义阶段　　　B. 开发阶段　　　C. 维护阶段　　　D. 上述三个阶段

18. 程序流程图中带有箭头的线段表示的是（　　）。

 A. 图元关系　　　B. 数据流　　　　C. 控制流　　　　D. 调用关系

19. 数据流程图（DFD 图）是（　　）。

 A. 软件概要设计的工具　　　　　　B. 软件详细设计的工具

 C. 结构化方法的需求分析工具　　　D. 面向对象方法的需求分析工具

20. 软件测试的目的是（　　）。

 A. 评估软件可靠性　　　　　　　　B. 发现并改正程序中的错误

 C. 改正程序中的错误　　　　　　　D. 发现程序中的错误

21. 下面叙述中错误的是（　　）。

 A. 软件测试的目的是发现错误并改正错误

 B. 对被调试的程序进行"错误定位"是程序调试的必要步骤

 C. 程序调试通常也被称为 Debug

 D. 软件测试应严格执行测试计划，排除测试的随意性

22. 下列叙述中正确的是（　　）。

 A. 软件测试的主要目的是发现程序中的错误

 B. 软件测试的主要目的是确定程序中错误的位置

C. 为了提高软件测试的效率，最好由程序编制者自己来完成软件测试的工作

D. 软件测试是证明软件没有错误

23. 软件（程序）调试的任务是（ ）。

A. 诊断和改正程序中的错误

B. 尽可能多地发现程序中的错误

C. 发现并改正程序中的所有错误

D. 确定程序中错误的性质

24. 下列说法中错误的是（ ）。

A. 程序的执行总是从主函数开始

B. 主函数可以调用任何非主函数的其他函数

C. 任何非主函数可以调用其他任何非主函数

D. 程序可以从任何非主函数开始执行

25. 若 a=4，b=7，则输出 4*7=28 的语句是（ ）。

A. printf（"a*b=%d\n" a+b）

B. printf（"a*b=%d\n", a*b）

C. printf（"%d*%d=%d\n", a, b, a*b）

D. printf（"%d*%d=%d\n", a+b）

二、填空题

1. 软件是_____、数据和文档的集合。

2. 符合结构化原则的三种基本控制结构是：选择结构、循环结构和_____。

3. 软件开发过程主要分为需求分析、设计、编码与测试四个阶段，其中_____阶段产生软件需求规格说明书。

4. 在进行模块测试时，要为每个被测试的模块另外设计两类模块：驱动模块和承接模块（桩模块），其中_____的作用是将测试数据传送给被测试的模块，并显示被测试模块所产生的结果。

5. 在面向对象方法中，_____描述的是具有相似属性与操作的一组对象。

6. 常见的软件开发方法有结构化方法和面向对象方法，对某应用系统经过需求分析建立数据流图（DFD），则应采用_____方法。

7. 程序测试分为静态分析和动态测试。其中_____是指不执行程序，而只是对程序文本进行检查，通过阅读和讨论，分析和发现程序中的错误。

8. 软件测试分为白箱（盒）测试和黑箱（盒）测试，等价类划分法属于_____。

9. 软件生命周期可分为多个阶段，一般分为定义阶段，开发阶段和维护阶段，编码和测试属于_____阶段。

10. 软件需求规格说明书应具有完整性、无歧义性、正确性、可验证性、可修改性等特性，其中最重要的是_____。

11. 测试用例包括输入值集和_____值集。

12. 分支结构在程序执行时，根据_____选择执行不同的程序语句。

13. 按照软件测试的一般步骤，集成测试应在_____测试之后进行。

14. 软件工程三要素包括方法、工具和过程，其中，_____支持软件开发的各个环节的控制和管理。

15. 对软件设计的最小单位（模块或程序单元）进行的测试通常称为_____测试。

第九章
数据结构与算法习题

一、单项选择题

1. 在计算机中，算法是指（　　　）。

    A. 查询方法   B. 加工方法

    C. 排序方法   D. 解题方案的准确而完整的描述

2. 在下列选项中，哪个不是一个算法一般应该具有的基本特征（　　　）。

    A. 确定性   B. 可行性

    C. 无穷性   D. 拥有足够的情报

3. 算法的有穷性是指（　　　）。

    A. 算法程序的运行时间是有限的   B. 算法程序所处理的数据量是有限的

    C. 算法程序的长度是有限的   D. 算法只能被有限的用户使用

4. 下列叙述中正确的是（　　　）。

    A. 算法就是程序

    B. 设计算法时只需要考虑数据结构的设计

    C. 设计算法时只需要考虑结构的可靠性

    D. 以上三种说法都不对

5. 下列叙述中正确的是（　　　）。

    A. 算法的效率只与问题的规模有关，而与数据的存储结构无关

    B. 算法的时间复杂度是指执行算法所需要的计算工作量

    C. 数据的逻辑结构与存储结构是一一对应的

    D. 算法的时间复杂度与空间复杂度一定相关

6. 下面叙述正确的是（　　　）。

    A. 算法的执行效率与数据的存储结构无关

    B. 算法的空间复杂度是指算法程序中指令（或语句）的条数

    C. 算法的有穷性是指算法必须能在执行有限个步骤之后终止

    D. 以上三种描述都不对

7. 下列叙述中正确的是（　　　）。

    A. 一个算法的空间复杂度大，则其时间复杂度也必定大

    B. 一个算法的空间复杂度大，则其时间复杂度必定小

    C. 一个算法的时间复杂度大，则其空间复杂度必定小

    D. 上述三种说法都不对

8. 算法的时间复杂度是指（　　　）。

    A. 算法的执行时间　　　　　　　　B. 算法所处理的数据量

    C. 算法程序中的语句或指令条数　　D. 算法在执行过程中所需要的基本运算次数

9. 算法的空间复杂度是指（　　　）。

    A. 算法程序的长度　　　　　　　　B. 算法程序中的指令条数

    C. 算法程序所占的存储空间　　　　D. 算法执行过程中所需要的存储空间

10. 算法分析的目的是（　　　）。

    A. 找出数据结构的合理性　　　　　B. 找出算法中输入和输出之间的关系

    C. 分析算法的易懂性和可行性　　　D. 分析算法的效率以求改进

11. 算法一般都可以用哪几种控制结构组合而成（　　　）。

    A. 循环、分支、递归　　　　　　　B. 顺序、循环、嵌套

    C. 循环、递归、选择　　　　　　　D. 顺序、选择、循环

12. 下列叙述中正确的是（　　　）。

    A. 一个逻辑数据结构只能有一种存储结构

    B. 数据的逻辑结构属于线性结构，存储结构属于非线性结构

    C. 一个逻辑数据结构可以有多种存储结构，且各种存储结构不影响数据处理的效率

    D. 一个逻辑数据结构可以有多种存储结构，且各种存储结构影响数据处理的效率

13. 数据的存储结构是指（　　　）。

    A. 数据所占的存储空间量　　　　　B. 数据的逻辑结构在计算机中的表示

    C. 数据在计算机中的顺序存储方式　D. 存储在外存中的数据

14. 数据结构中，与所使用的计算机无关的是数据的（　　　）。

    A. 存储结构　　　B. 物理结构　　　C. 逻辑结构　　　D. 物理和存储结构

15. 下列数据结构中，属于非线性结构的是（　　　）。

    A. 循环队列　　　B. 带链队列　　　C. 二叉树　　　D. 带链栈

16. 下列叙述中正确的是（　　　）。

    A. 线性链表是线性表的链式存储结构　B. 栈与队列是非线性结构

    C. 双向链表是非线性结构　　　　　　D. 只有根结点的二叉树是线性结构

17. 下列关于线性链表的叙述中，正确的是（　　　）。

    A. 各数据结点的存储空间可以不连续，但它们的存储顺序与逻辑顺序必须一致

    B. 各数据结点的存储顺序与逻辑顺序可以不一致，但它们的存储空间必须连续

    C. 进行插入与删除时，不需要移动表中的元素

    D. 以上三种说法都不对

18. 下列叙述中正确的是（　　　）。

    A. 线性表的链式存储结构与顺序存储结构所需要的存储空间是相同的

    B. 线性表的链式存储结构所需要的存储空间一般要多于顺序存储结构

    C. 线性表的链式存储结构所需要的存储空间一般要少于顺序存储结构

    D. 上述三种说法都不对

19. 下列叙述中正确的是（　　　）。

    A. 顺序存储结构的存储一定是连续的，链式存储结构的存储空间不一定是连续的

    B. 顺序存储结构只针对线性结构，链式存储结构只针对非线性结构

C. 顺序存储结构只能存储有序表，链式存储结构不能存储有序表

D. 链式存储结构比顺序存储结构节省存储空间

20. 线性表采用链式存储时，其地址（　　　）。

  A. 必须是连续的   B. 部分地址必须是连续的

  C. 一定是不连续的   D. 连续与否均可以

21. 下列叙述中正确的是（　　　）。

  A. 有一个以上根结点的数据结构不一定是非线性结构

  B. 只有一个根结点的数据结构不一定是线性结构

  C. 循环链表是非线性结构

  D. 双向链表是非线性结构

22. 按照"后进先出"原则组织数据的数据结构是（　　　）。

  A. 队列   B. 栈   C. 双向链表   D. 二叉树

23. 支持子程序调用的数据结构是（　　　）。

  A. 栈   B. 树   C. 队列   D. 二叉树

24. 下列关于栈的描述正确的是（　　　）。

  A. 在栈中只能插入元素而不能删除元素

  B. 在栈中只能删除元素而不能插入元素

  C. 栈是特殊的线性表，只能在一端插入或删除元素

  D. 栈是特殊的线性表，只能在一端插入元素，而在另一端删除元素

25. 一个栈的初始状态为空，现将元素 1、2、3、4、5、A、B、C、D、E 依次入栈，然后再依次出栈，则元素出栈顺序是（　　　）。

  A. 12345ABCDE   B. EDCBA54321

  C. ABCDE12345   D. 54321EDCBA

26. 下列叙述中正确的是（　　　）。

  A. 在栈中，元素随栈底指针与栈顶指针的变化而动态变化

  B. 在栈中，栈顶指针不变，栈中元素随栈底指针的变化而动态变化

  C. 在栈中，栈底指针不变，栈中元素随栈顶指针的变化而动态变化

  D. 上述三种说法都不对

27. 下列关于栈叙述正确的是（　　　）。

  A. 栈顶元素最先能被删除   B. 栈顶元素最后才能被删除

  C. 栈底元素永远不能被删除   D. 以上三种说法都不对

28. 在一个具有 n 个单元的顺序栈中，假定以地址低端作为栈底，以 top 作为栈顶指针，则当作退栈处理时，top 变化为（　　　）。

  A. top 不变   B. top = −n   C. top = top−1   D. top=top+1

29. 若进栈序列为 1、2、3、4，进栈过程中可以出栈，则（　　　）不可能是一个出栈序列。

  A. 3，4，2，1   B. 2，4，3，1

  C. 1，4，2，3   D. 3，2，1，4

30. 栈底至栈顶依次存放元素 A、B、C、D，在第五个元素 E 入栈前，栈中元素可以出栈，则出栈序列可能是（　　　）。

  A. ABCED   B. DBCEA   C. CDABE   D. DCBEA

31. 下列叙述中正确的是（　　　）。

    A. 栈是"先进先出"的线性表

    B. 队列是"先进后出"的线性表

    C. 循环队列是非线性结构

    D. 有序线性表既可以采用顺序存储结构，也可以采用链式存储结构

32. 下列对列的叙述正确的是（　　　）。

    A. 队列属于非线性表　　　　　　　　B. 队列按"FILO"原则组织数据

    C. 在队列中只能插入数据　　　　　　D. 队列按"FIFO"原则组织数据

33. 栈和队列的共同点是（　　　）。

    A. 都是先进后出　　　　　　　　　　B. 都是先进先出

    C. 只允许在端点处插入和删除元素　　D. 没有共同点

34. 下列叙述中正确的是（　　　）。

    A. 循环队列有队头和队尾两个指针，因此，循环队列是非线性结构

    B. 在循环队列中，只需要队头指针就能反映队列中元素的动态变化情况

    C. 在循环队列中，只需要队尾指针就能反映队列中元素的动态变化情况

    D. 循环队列中元素的个数是由队头指针和队尾指针共同决定

35. 对于循环队列，下列叙述中正确的是（　　　）。

    A. 队头指针是固定不变的

    B. 队头指针一定大于队尾指针

    C. 队头指针一定小于队尾指针

    D. 队头指针可以大于队尾指针，也可以小于队尾指针

36. 在一个顺序存储的循环队列中，队首指针指向队首元素的（　　　）。

    A. 前一个位置　　　B. 后一个位置　　　C. 队首元素位置　　D. 队尾元素位置

37. 在具有 n 个单元的顺序存储的循环队列中，假定 front 和 rear 分别为队首指针和队尾指针，则判断队列空的条件是（　　　）。

    A. front= =rear+1　　　　　　　　　B. front+1= =rear

    C. front= =rear　　　　　　　　　　D. front= =0

38. 在具有 n 个单元的顺序存储的循环队列中，假定 front 和 rear 分别为队首指针和队尾指针，则判断队列满的条件是（　　　）。

    A. rear % n= =front　　　　　　　　B. （rear−1）% n= =front

    C. （rear−1）% n= =rear　　　　　　D. （rear+1）% n= =front

39. 在一棵具有五层的满二叉树中，结点总数为（　　　）。

    A. 31　　　　　　B. 32　　　　　　C. 33　　　　　　D. 16

40. 在深度为 7 的满二叉树中，叶子结点的个数为（　　　）。

    A. 32　　　　　　B. 31　　　　　　C. 64　　　　　　D. 63

41. 某二叉树中有 n 个度为 2 的结点，则该二叉树中的叶子结点数为（　　　）。

    A. $n+1$　　　　　B. $n-1$　　　　　C. $2n$　　　　　　D. $n/2$

42. 一棵二叉树中共有 70 个叶子结点与 80 个度为 1 的结点，则该二叉树中的总结点数为（　　　）。

    A. 219　　　　　　B. 221　　　　　　C. 229　　　　　　D. 231

43. 下列关于二叉树的叙述中，正确的是（   ）。

    A. 叶子结点总是比度为 2 的结点少一个

    B. 叶子结点总是比度为 2 的结点多一个

    C. 叶子结点数是度为 2 的结点数的两倍

    D. 度为 2 的结点数是度为 1 的结点数的两倍

44. 假定在一棵二叉树中，双分支结点数为 15 个，单分支结点数为 32 个，则叶子结点个数为（   ）。

    A. 15   B. 16   C. 17   D. 47

45. 某二叉树共有 7 个结点，其中叶子结点只有 1 个，假设根结点在第 1 层，则该二叉树的深度为（   ）。

    A. 3   B. 4   C. 6   D. 7

46. 假定一棵二叉树的结点数为 18 个，则它的最小高度（   ）。

    A. 4   B. 5   C. 6   D. 18

47. 在一棵二叉树中第五层上的结点数最多为（   ）。

    A. 8   B. 15   C. 16   D. 32

48. 一个深度为 L 的满 K 叉树有如下性质：第 L 层上的结点都是叶子结点，其余各层上每个结点都有 K 棵非空子树。如果按层次顺序从 1 开始对全部结点编号，编号为 n 的有右兄弟的条件是（   ）。

    A. （$n-1$）% $k==0$ B. （$n-1$）% $k!=0$

    C. n % $k==0$ D. n % $k!=0$

49. 对如下二叉树

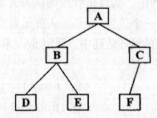

进行后序遍历的结果为（   ）。

    A. ABCDEF   B. DBEAFC   C. ABDECF   D. DEBFCA

50. 对下列二叉树

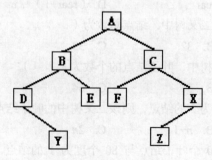

进行前序遍历的结果为（   ）。

    A. DYBEAFCZX   B. YDEBFZXCA   C. ABDYECFXZ   D. ABCDEFXYZ

51. 某二叉树 T 有 n 个结点，设按某种遍历顺序对 T 中的每个结点进行编号，编号值为 1, 2, ..., n 且有如下性质：T 中任一结点 V，其编号等于左子树上的最小编号减 1，而 V 的右子树的结点中，其最小编号等于 V 左子树上结点的最大编号加 1。这是按（　　）编号。

  A. 中序遍历序列　　　　　　　　　B. 前序遍历序列

  C. 后序遍历序列　　　　　　　　　D. 层次遍历序列

52. 在长度为 64 的有序线性表中进行顺序查找，最坏情况下需要比较的次数为（　　）。

  A. 63　　　　　　B. 64　　　　　　C. 6　　　　　　D. 7

53. 在一个长度为 n 的顺序表中，向第 i 个元素（$1 \leq i \leq n+1$）之前插入一个新元素时，需向后移动（　　）个元素。

  A. $n-1$　　　　　B. $n-i+1$　　　　C. $n-i-1$　　　　D. i

54. 下列数据结构中，能用二分法进行查找的是（　　）。

  A. 顺序存储的有序线性表　　　　　B. 线性链表

  C. 二叉链表　　　　　　　　　　　D. 有序线性链表

55. 二分法查找（　　）存储结构。

  A. 只适用于顺序　　　　　　　　　B. 只适用于链式

  C. 既适用于顺序也适用于链式　　　D. 既不适合于顺序也不适合于链式

56. 在长度为 n 的有序线性表中进行二分查找，最坏情况下需要比较的次数是（　　）。

  A. $O(n)$　　　　B. $O(n^2)$　　　C. $O(\log_2 n)$　　　D. $O(n\log_2 n)$

57. 下列叙述中正确的是（　　）。

  A. 对长度为 n 的有序链表进行查找，最坏情况下需要的比较次数为 n

  B. 对长度为 n 的有序链表进行对分查找，最坏情况下需要的比较次数为（$n/2$）

  C. 对长度为 n 的有序链表进行对分查找，最坏情况下需要的比较次数为（$\log_2 n$）

  D. 对长度为 n 的有序链表进行对分查找，最坏情况下需要的比较次数为（$n \log_2 n$）

58. 已知一个有序表为（12、18、24、35、47、50、62、83、90、115、134），当二分查找值为 90 的元素时，（　　）次比较后查找成功。

  A. 1　　　　　　B. 2　　　　　　C. 3　　　　　　D. 4

59. 冒泡排序在最坏情况下的比较次数是（　　）。

  A. $n(n+1)/2$　　　B. $n\log_2 n$　　　C. $n(n-1)/2$　　　D. $n/2$

60. 对长度为 n 的线性表排序，在最坏情况下，比较次数不是 $n(n-1)/2$ 的排序方法是（　　）。

  A. 快速排序　　　B. 冒泡排序　　　C. 直接插入排序　　D. 堆排序

二、填空题

1. 算法的基本特征是可行性、确定性、_____和拥有足够的情报。

2. 算法的复杂度主要包括_____复杂度和空间复杂度。

3. 数据结构包括数据的逻辑结构、数据的_____以及对数据的运算。

4. 数据的逻辑结构在计算机存储空间中的存放形式称为数据的_____。

5. 数据结构分为逻辑结构和存储结构，循环队列属于_____结构。

6. 数据结构分为线性结构和非线性结构，带链的队列和带链的栈均属于_____。

7. 在线性结构中第一结点_____前驱结点，其余每个结点有且只有_____个前驱结点；最后一个结点_____后继结点，其余每个结点有且只有_____个后继结点。

8. 在树型结构中，树根结点没有_____结点，其余每个结点有且仅有_____个前驱结点；

树叶结点没有＿＿＿＿＿结点，其余每个结点的＿＿＿＿＿结点数不受限制。

9. 对于顺序存储的线性表，当随机插入或删除一个元素时，约需平均移动表长＿＿＿＿＿的元素。

10. 栈的基本运算有三种：入栈、退栈和＿＿＿＿＿。

11. 在具有 n 个单元、顺序存储的循环队列中，队满时共有＿＿＿＿＿个元素。

12. 在线性表的顺序存储中，元素之间的逻辑关系是通过＿＿＿＿＿决定的；在线性表的链接存储中，元素之间的逻辑关系是通过＿＿＿＿＿决定的。

13. 对于线性表的顺序存储，需要预先分配好存储空间，若分配太多则容易造成存储空间的＿＿＿＿＿，若分配太少又容易在算法中造成＿＿＿＿＿，因此适应于数据量变化不大的情况；对于线性表的链接存储（假定采用动态结点），不需要＿＿＿＿＿存储空间，存储器中的整个动态存储区都可供使用，分配和回收结点都非常方便，能够有效地利用存储空间，在算法中不必考虑＿＿＿＿＿的发生，因此适应数据量变化较大的情况。

14. 按"先进后出"原则组织数据的数据结构是＿＿＿＿＿。

15. 线性表的存储结构主要分为顺序存储结构和链式存储结构。队列是一种特殊的线性表，循环队列是队列的＿＿＿＿＿存储结构。

16. 设某循环队列的容量为 50，头指针 front=5（指向队头元素的前一位置），尾指针 rear=29（指向队尾元素），则该循环队列中共有＿＿＿＿＿个顺序元素。

17. 假设用一个长度为 50 的数组（数组元素的下标从 0 到 49）作为栈的储存空间，栈底指针 bottom 指向栈底元素，栈项指针 top 指向栈顶元素，如果 bottom=49，top=30（数组下标），则栈中具有＿＿＿＿＿个元素。

18. 一个栈的初始状态为空。首先将元素 5，4，3，2，1 依次入栈，然后退栈一次，再将元素 A，B，C，D 依次入栈，之后将所有元素全部退栈，则所有元素退栈（包括中间退栈的元素）的顺序为＿＿＿＿＿。

19. 一个队列的初始状态为空。现将元素 A，B，C，D，E，F，5，4，3，2，1 依次入队，然后再依次退队，则元素退队的顺序为＿＿＿＿＿。

20. 在长度为 n 的顺序存储的线性表中插入一个元素，最坏情况下需要移动表中＿＿＿＿＿个元素。

21. 一棵二叉树有 10 个度为 1 的结点，7 个度为 2 的结点，则该二叉树共有＿＿＿＿＿个结点。

22. 一棵二叉树第六层（根结点为第一层）的结点数最多为＿＿＿＿＿个。

23. 在深度为 7 的满二叉树中，度为 2 的结点个数为＿＿＿＿＿。

24. 深度为 5 的满二叉树有＿＿＿＿＿个叶子节点。

25. 对于一棵具有 n 个结点的树，则该树中所有结点的度之和为＿＿＿＿＿。

26. 在一棵二叉树中，度为 0 的结点的个数为 $n1$，度为 2 的结点的个数为 $n2$，则：$n1 =$＿＿＿＿＿。

27. 在一棵二叉排序树中，按＿＿＿＿＿遍历得到的结点序列是一个有序序列。

28. 一棵二叉树的中序遍历结果为 DBEAFC，前序遍历结果为 ABDECF，则后序遍历结果为＿＿＿＿＿。

29. 对长度为 10 的线性表进行冒泡排序，最坏情况下需要比较的次数为＿＿＿＿＿。

30. 假定在有序表 A[1···20] 上进行二分查找，则比较一次查找成功的结点数为＿＿＿＿＿，比较两次查找成功的结点数为＿＿＿＿＿，比较三次查找成功的结点数为＿＿＿＿＿，比较四次查找成功结点数为＿＿＿＿＿，比较五次查找成功的结点数为＿＿＿＿＿，平均查找长度为＿＿＿＿＿。

第十章
数据库基础知识习题

一、单项选择题

1. 下列叙述中正确的是（　　　）。
   - A. 数据库系统是一个独立的系统，不需要操作系统的支持
   - B. 数据库技术的根本目标是要解决数据的共享问题
   - C. 数据库管理系统就是数据库系统
   - D. 以上三种说法都不对

2. 在数据管理技术发展的三个阶段中，数据共享最好的是（　　　）。
   - A. 人工管理阶段
   - B. 文件系统阶段
   - C. 数据库系统阶段
   - D. 三个阶段相同

3. 数据库 DB、数据库系统 DBS、数据库管理系统 DBMS 之间的关系是（　　　）。
   - A. DB 包含 DBS 和 DBMS
   - B. DBMS 包含 DB 和 DBS
   - C. DBS 包含 DB 和 DBMS
   - D. 没有任何关系

4. 以下不属于数据库系统（DBS）的组成的是（　　　）。
   - A. 数据库集合
   - B. 用户
   - C. 数据库管理系统及相关软件
   - D. 操作系统

5. DBMS 数据库数据的检索、插入、修改和删除操作的功能称为（　　　）。
   - A. 数据操作
   - B. 数据控制
   - C. 数据管理
   - D. 数据定义

6. DBMS 是（　　　）。
   - A. OS 的一部分
   - B. OS 支持下的系统文件
   - C. 一种编译程序
   - D. 混合型

7. 在下图所示的数据库系统（由数据库应用系统、操作系统、数据库管理系统、硬件四部分组成）层次示意图中，数据库管理系统的位置是（　　　）。

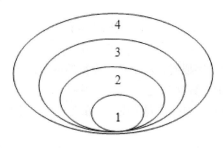

A. 1　　　　　　　　B. 3　　　　　　　　C. 2　　　　　　　　D. 4

8. 数据库系统的核心是（　　　）。

    A. 数据模型　　　　　　　　　　　B. 数据库管理系统

    C. 数据库　　　　　　　　　　　　D. 数据库管理员

9. 按数据的组织形式，数据库的数据模型可分为三种模型，他们是（　　　）。

    A. 小型、中型和大型　　　　　　　B. 网状、环状和链状

    C. 层次、网状和关系　　　　　　　D. 独享、共享和实时

10. 以下关于空值的叙述中，错误的是（　　　）。

    A. 空值表示字段还没有确定值　　　B. Access 使用 NULL 来表示空值

    C. 空值等同于空字符串　　　　　　D. 空值不等于数值 0

11. 将 E-R 图转换为关系模式时，实体和联系都可以表示为（　　　）。

    A. 属性　　　　　B. 键　　　　　C. 关系　　　　　D. 域

12. 用二维表来表示实体及实体之间联系的数据模型是（　　　）。

    A 实体-联系模型　　B 层次模型　　　C. 网状模型　　　D. 关系模型

13. 在关系运算中，投影运算的含义是（　　　）。

    A. 在基本表中选择满足条件的记录组成一个新的关系

    B. 在基本表中选择需要的字段（属性）组成一个新的关系

    C. 在基本表中选择满足条件的记录和属性组成一个新的关系

    D. 上述说法均是正确的

14. 从关系中找出满足给定条件的元组的操作称为（　　　）。

    A. 选择　　　B. 投影　　　　　C. 联接　　　　　D. 自然联接

15. 在下列关系运算中，不改变关系表中的属性个数但能减少元组个数的是（　　　）。

    A. 并　　　　　B. 交　　　　　C. 投影　　　　　D. 笛卡儿乘积

16. 在教师表中，如果要找出职称为"教授"的教师，所采用的关系运算是（　　　）。

    A. 选择　　　B. 投影　　　　　C. 联接　　　　　D. 自然连接

17. 要从学生关系中查询学生的姓名和班级，则需要进行的关系运算是（　　　）。

    A. 选择　　　　B. 投影　　　　　C. 联接　　　　　D. 求交

18. 有三个关系 R、S 和 T 如下：

R				S				T		
A	B			B	C			A	B	C
m	1			1	3			m	1	3
n	2			3	5					

由关系 R 和 S 通过运算得到关系 T，则所使用的运算为（　　　）。

    A. 笛卡尔积　　　B. 交　　　　　C. 并　　　　　D. 自然连接

19. 使用表设计器定义表中字段时，不是必须设置的内容是（　　　）。

    A. 字段名称　　　B. 数据类型　　　C. 说明　　　　　D. 字段属性

20. 数据库中有 A、B 两表，均有相同字段 C，在两表中 C 字段都设为主键。当通过 C 字段建立两表关系时，则关系为（　　　）。

    A. 一对一　　　B. 一对多　　　　C. 多对多　　　　D. 不能建立关系

21. 在超市营业过程中，每个时段要安排一个班组上岗值班，每个收款口要配备两名收款员配合工作，共同使用一套收款设备为顾客服务，在超市数据库中，实体之间属于一对一关系的是（　　）。

　　A. "顾客"与"收款员"的关系　　　　B. "收款口"与"收款员"的关系
　　C. "顾客"与"商品的关系"　　　　D. "收款口"与"收款设备"的关系

22. 如果表 A 中的一条记录与表 B 中的多条记录相匹配，且表 B 中的一条记录与表 A 中的多条记录相匹配，则表 A 与表 B 存在的关系是（　　）。

　　A. 一对一　　　　B. 一对多　　　　C. 多对一　　　　D. 多对多

23. 下列实体的联系中，属于多对多联系的是（　　）。

　　A. 学生与课程　　B. 学校与校长　　C. 职工与工资　　D. 住院的病人与病床

24. 下列叙述中正确的是（　　）。

　　A. 为了建立一个关系，首先要构造数据的逻辑关系
　　B. 表示关系的二维表中各元组的每一个分量还可以分成若干数据项
　　C. 一个关系的属性名表称为关系模式
　　D. 一个关系可以包括多个二维表

25. 下列有关数据和表结构的描述，正确的是（　　）。

　　A. 数据处理是将信息转化为数据的过程
　　B. 数据的物理独立性是指当数据的逻辑结构改变时，数据的存储结构不变
　　C. 关系中的每一列称为元组，一个元组就是一个字段
　　D. 如果一个关系中的属性或属性组并非该关系的关键字，但它是另一个关系的关键字，则称其为本关系的外关键字

26. 在关系数据库中，能够唯一地标识一个记录的属性或属性的组合，称为（　　）。

　　A. 关键字　　　　B. 属性　　　　C. 关系　　　　D. 域

27. 设有表示学生选的三张表，学生 S（学号，姓名，性别，年龄，身份证号），课程 C（课号，课名），选课 SC（学号，课号，成绩），则表 SC 的关键字（键或码）为（　　）。

　　A. 课号，成绩　　　　　　　　　B. 学号，成绩
　　C. 学号，课号　　　　　　　　　D. 学号，姓名，成绩

28. 在 E—R 图中，用来表示实体的图形是（　　）。

　　A. 矩形　　　　B. 椭圆形　　　　C. 菱形　　　　D. 三角形

29. 在数据库设计中，将 E-R 图转换成关系数据模型的过程属于（　　）。

　　A. 需求分析阶段　　　　　　　　B. 概念设计阶段
　　C. 逻辑设计阶段　　　　　　　　D. 物理设计阶段

30. 用 SQL 语言描述"在教师表中查找男教师的全部信息"，以下描述正确的是（　　）。

　　A. SELECT FROM 教师表 IF（性别='男'）
　　B. SELECT 性别 FROM 教师表 IF（性别='男'）
　　C. SELECT * FROM 教师表 WHERE（性别='男'）
　　D. SELECT * FROM 性别 WHERE（性别='男'）

31. 用 SQL 语言描述"在教师表中查找姓王的老师"，以下描述正确的是（　　）。

　　A. SELECT * FROM 教师表 WHERE 姓名 LIKE '王/'：
　　B. SELECT * FROM 教师表 WHERE 姓名 LIKE '王_'：

C. SELECT * FROM 教师表 WHERE 姓名 LIKE '王%'；

D. SELECT * FROM 教师表 WHERE 姓名 LIKE 't/王'；

32. 在 SELECT 语句中，WHERE 引导的是（　　　）。

    A. 表名　　　　　　B. 字段列表　　　　C. 条件表达式　　　D. 列名

33. 在 SELECT 语法中，"[ ]"表示的意思是（　　　）。

    A. 实际需要替代的内容　　　　　　　B. 根据需要进行选择，也可不选

    C. 多个选项只能选其一　　　　　　　D. 必选项

34. 在 SELECT 语法中，"%"可以匹配（　　　）。

    A. 零个字符　　　　B. 多个字符　　　　C. 两个字符　　　　D. 任意单个字符

35. 在 SELECT 语法中，"_"可以匹配（　　　）。

    A. 零个字符　　　　　　　　　　　　B. 多个字符

    C. 零个或多个字符　　　　　　　　　D. 任意单个字符

36. 在 SQL 语言的 SELECT 语句中，用于指明检索结果排序的子句是（　　　）。

    A. FROM　　　　　　B. WHILE　　　　　C. GROUP BY　　　D. ORDER BY

37. Access 是一个（　　　）。

    A. 数据库文件系统　　　　　　　　　B. 数据库系统

    C. 数据库应用系统　　　　　　　　　D. 数据库管理系统

38. 利用 Access 创建的数据库文件，其扩展名为（　　　）。

    A. ADP　　　　　　B. DBF　　　　　　C. FRM　　　　　　D. MDB

39. 下面关于 Access 表的叙述中，错误的是（　　　）。

    A. 在 Access 表中，可以对备注型字段进行"格式"属性设置

    B. 若删除表中含有自动编号型字段的一条记录后，Access 不会对表中自动编号型字段重新编号

    C. 创建表之间的关系时，应关闭所有打开的表

    D. 可在 Access 表的设计视图"说明"列中，对字段进行具体的说明

40. Access 数据库具有很多特点，下列叙述中，不是 Access 特点的是（　　　）。

    A. Access 数据库可以保存多种数据类型，包括多媒体数据

    B. Access 可以通过编写应用程序来操作数据库中的数据

    C. Access 可以支持 Internet/Intranet 应用

    D. Access 作为网状数据库模型支持客户机/服务器应用系统

41. 不属于 Access 对象的是（　　　）。

    A. 表　　　　　　　B. 文件夹　　　　　C. 窗体　　　　　　D. 查询

42. Access 数据库中，表的组成是（　　　）。

    A. 字段和记录　　　B. 查询和字段　　　C. 记录和窗体　　　D. 报表和字段

43. Access 数据库中哪个数据库对象是其他数据库对象的基础（　　　）。

    A. 报表　　　　　　B. 查询　　　　　　C. 表　　　　　　　D. 模块

44. 在 Access 数据库对象中，体现数据库设计目的的对象是（　　　）。

    A. 报表　　　　　　B. 模块　　　　　　C. 查询　　　　　　D. 表

45. 如果字段内容为声音文件，可将此字段定义为（　　　）类型。

    A. 文本　　　　　　B. 查阅向导　　　　C. OLE 对象　　　　D. 备注

46. 在 Access 表中，可以定义 3 种主关键字，它们是（　　　）。

　　A. 单字段、双字段和多字段　　　　　　B. 单字段、双字段和自动编号

　　C. 单字段、多字段和自动编号　　　　　　D. 双字段、多字段和自动编号

47. 若要确保输入的联系电话值只能为 8 位数字，应将该字段的输入掩码设置为（　　　）。

　　A. 00000000　　　　B. 99999999　　　　C. ########　　　　D. ????????

48. 在 Access 数据库的表设计视图中，不能进行的操作是（　　　）。

　　A. 修改字段类型　　B. 设置索引　　　　C. 增加字段　　　　D. 删除记录

49. 在数据表视图中，不能（　　　）。

　　A. 修改字段的类型　　　　　　　　　　B. 修改字段的名称

　　C. 删除一个字段　　　　　　　　　　　D. 删除一条记录

50. 数据类型是（　　　）。

　　A. 字段的另一种说法

　　B. 决定字段能包含哪类数据的设置

　　C. 一类数据库应用程序

　　D. 一类用来描述 Access 表向导允许从中选择的字段名称

51. 如果在创建表中建立字段"性别"并要求用汉字表示，其数据类型应当是（　　　）。

　　A. 是/否　　　　　　B. 数字　　　　　　C. 文本　　　　　　D. 备注

52. 如果字段内容为声音文件，则该字段的数据类型应定义为（　　　）。

　　A. 文本　　　　　　B. 备注　　　　　　C. 超级链接　　　　D. OLE 对象

53. 下列关于空值的叙述中，正确的是（　　　）。

　　A. 空值是双引号中间没有空格的值

　　B. 空值是等于 0 的数值

　　C. 空值是使用 Null 或空白来表示字段的值

　　D. 空值是用空格表示的值

54. 对数据表进行筛选操作，结果是（　　　）。

　　A. 只显示满足条件的记录，将不满足条件的记录从表中删除

　　B. 显示满足条件的记录，并将这些记录保存在一个新表中

　　C. 只显示满足条件的记录，不满足条件的记录被隐藏

　　D. 将满足条件的记录和不满足条件的记录分为两个表进行显示

55. 在 Access 的数据表中删除一条记录，被删除的记录是（　　　）。

　　A. 可以恢复到原来位置　　　　　　　　B. 被恢复为最后一条记录

　　C. 被恢复为第一条记录　　　　　　　　D. 不能恢复

56. "教学管理"数据库中有学生表，课程表和选课表，为了有效的反映这三张表中数据之间的关系，在创建数据库时应设置（　　　）。

　　A. 默认值　　　　　B. 有效性规则　　　C. 索引　　　　　　D. 表之间的关系

57. Access 数据库中，为了保持表之间的关系，要求在子表（从表）中添加记录时，如果主表中没有与之相关的记录，则不能在子表（从表）中添加该记录。为此需要定义的关系是（　　　）。

　　A. 输入掩码　　　　B. 有效性规则　　　C. 默认值　　　　　D. 参照完整性

58. 要求主表中没有相关记录时就不能将记录添加到相关表中，则应该在表关系中设置（　　　）。

　　A. 参照完整性　　　B. 有效性规则　　　C. 输入掩码　　　　D. 级联更新相关字段

59. 表的组成内容包括（　　　）。

    A. 查询和字段　　　B. 字段和记录　　C. 记录和窗体　　　D. 报表和字段

60. 以下关于 Access 表的叙述中，正确的是（　　　）。

    A. 表一般包含一到两个主题的信息

    B. 表的数据表视图只用于显示数据

    C. 表设计视图的主要工作是设计表的结构

    D. 在表的数据表视图中，不能修改字段名称

二、填空题

1. 数据库系统的核心是＿＿＿＿＿。

2. 数据库系统有由硬件系统、数据库集合、＿＿＿＿＿、＿＿＿＿＿、用户 5 部分组成。

3. DBMS 的意思是＿＿＿＿＿。

4. 用树型结构表示实体类型及实体间联系的数据模型称为＿＿＿＿＿；用二维表格表示实体类型及实体间联系的数据模型称为＿＿＿＿＿。

5. 二维表中的一行称为关系的＿＿＿＿＿，二维表中的一列称为关系的＿＿＿＿＿。

6. 实体与实体之间的联系有 3 种，它们是一对一、一对多和＿＿＿＿＿。

7. 在关系数据库的基本操作中，从表中取出满足条件的元组的操作称为＿＿＿＿＿。

8. 在关系数据库的基本操作中，把两个关系中相同属性值的元组联接到一起形成新的二维表的操作称为＿＿＿＿＿。

9. 在关系数据库的基本操作中，从表中抽取属性值满足条件的列的操作称为＿＿＿＿＿。

10. 在关系模型中，操作的对象和结果都是＿＿＿＿＿。

11. 如果表中的一个字段不是本表的关键字，而是另外一个表的主关键字，这个字段就称为＿＿＿＿＿。

12. SQL 的英文全称为＿＿＿＿＿，意思是＿＿＿＿＿。

13. 进行并、差、交集合运算的两个关系必须具有相同的＿＿＿＿＿，即元组结构相同。

14. ＿＿＿＿＿是用来存储数据的对象，是数据库系统的核心与基础。

15. ＿＿＿＿＿是数据库设计目的的体现，是用来检索符合指定条件的数据的对象。

16. 关系的基本运算有两类：一类是传统的＿＿＿＿＿，另一类是专门的＿＿＿＿＿。

17. 数据库设计包括概念设计、＿＿＿＿＿和物理设计。

18. 在二维表中，元组的＿＿＿＿＿不能再分成更小的数据项。

19. 在 Access 中，要在查找条件中与任意一个数字字符匹配，可使用的通配符是＿＿＿＿＿。

20. 在 E—R 图中，图形包括矩形框、菱形框、椭圆框。其中表示实体联系的是＿＿＿＿＿框。

21. 在数据库管理系统提供的数据定义语言、数据操纵语言和数据控制语言中，＿＿＿＿＿负责数据的模式定义与数据的物理存取构建。

22. 数据库管理员的英文缩写是＿＿＿＿＿。

23. 在数据表视图下向表中输入数据，在未输入数值之前，系统自动提供的数值字段的属性是＿＿＿＿＿。

24. 在 Access 中建立的数据库文件的扩展名是＿＿＿＿＿。

25. Access 数据库由数据库对象包括＿＿＿＿＿、＿＿＿＿＿、窗体、＿＿＿＿＿、数据访问页、宏和模块 7 种。

习题答案

第一章
计算机基础知识习题答案

一、单项选择题

1	2	3	4	5	6	7	8	9	10	11	12	13	14	15	16	17	18	19	20
D	D	B	B	A	D	C	D	D	C	B	D	D	A	D	B	A	D	C	D
21	22	23	24	25	26	27	28	29	30	31	32	33	34	35	36	37	38	39	40
A	C	A	B	D	B	A	B	D	A	A	A	D	A	C	B	B	B	D	C
41	42	43	44	45	46	47	48	49	50	51	52	53	54	55	56	57	58	59	60
D	B	A	A	C	B	B	A	D	B	B	C	D	C	D	C	A	D	B	A
61	62	63	64	65	66	67	68	69	70	71	72	73	74	75	76	77	78	79	80
B	B	A	C	A	C	C	D	A	B	B	B	B	B	A	A	C	C	D	C
81	82	83	84	85	86	87	88	89	90										
D	B	B	C	A	A	A	C	A	A										

二、填空题

1. 3   1.5

2. 系统软件   应用软件

3. 地址总线   控制总线

4. 存储程序并按地址顺序执行

5. Ctrl+Alt+Del

6. 存储器   多路转换器

7. 文件名中的单个字符   文件名中任意长的一个字符串

8. 硬盘   光盘

9. 存储地址

10. 巨型化   微型化   智能化

11. 寄存器

12. 指令周期

13. 屏幕上横向像素的个数   纵向像素个数

14. 数模

15. 机器语言

16. 7

17. 隐蔽性　潜伏性

18. 科学计算　信息处理

19. 程序　　原始数据　内存

20. 源程序　　汇编程序

21. 只读存储器（ROM）　随机读写存储器（RAM）

22. 多样性　交互性　集成性

23. F　J

24. 温彻斯特硬盘

25. （请根据你的检索结果，经过评估后回答）

第二章
Windows XP 操作系统习题答案

一、单项选择题

1	2	3	4	5	6	7	8	9	10	11	12	13	14	15	16	17	18	19	20
B	A	D	D	B	D	D	A	B	C	B	D	A	A	D	A	A	D	B	D
21	22	23	24	25	26	27	28	29	30	31	32	33	34	35	36	37	38	39	40
C	A	A	D	D	C	C	C	B	D	D	C	D	A	D	D	C	C	D	B
41	42	43	44	45	46	47	48	49	50	51	52	53	54	55	56	57	58	59	60
B	B	C	C	C	B	D	A	A	D	A	A	C	A	D	C	B	D	A
61	62	63	64	65	66	67	68	69	70	71	72	73	74	75	76	77	78	79	80
B	D	D	B	C	D	B	C	B	C	B	D	B	B	B	D	C	B	A	A
81	82	83	84	85	86	87	88	89	90										
D	C	D	B	B	D	A	B	B	A										

二、填空题

1. 属性
2. .txt
3. 查看
4. 内存　外存
5. Alt+空格+C
6. 右　排列图标
7. 工具
8. 开始菜单→控制面板→添加或删除程序
9. 还原
10. Ctrl+X　Ctrl+C　Ctrl+V　Ctrl+A
11. 速度　光标闪烁频率
12. 活动　后台
13. 移动速度　指针踪迹
14. Z
15. 可读写
16. Windows　Program Files
17. Ctrl
18. 区域和语言选项

19. 开始菜单程序列表中的启动

20. 不可用　下拉菜单　弹出对话框

21. 我的文档

22. 文件　关闭

23. Ctrl+C 或者 Ctrl+X

24. 最大化、最小化按钮

25. 右　快捷

26. 左

27. 控制面板

28. 位图文件　GIF 文件

29. 可视　输入

30. 缩进　对齐

31. Del

32. 复制

33. 软件

34. 窗口

35. 多　窗口

36. 说明　功能

37. 控制面板　添加/删除程序

38. 工具栏

39. 开始

40. 关闭　结束

41. 最大化　桌面大小

42. 硬盘

43. 右

44. ?　*

45. 开始　运行我的文档

第三章
文字处理软件 Word 2007 习题答案

一、单项选择题

1	2	3	4	5	6	7	8	9	10	11	12	13	14	15	16	17	18	19	20
B	D	D	C	C	B	B	B	B	B	C	B	D	B	C	A	D	B	D	A
21	22	23	24	25	26	27	28	29	30	31	32	33	34	35	36	37	38	39	40
A	A	A	D	D	A	C	D	B	B	C	A	A	A	C	C	D	D	C	D
41	42	43	44	45	46	47	48	49	50	51	52	53	54	55	56	57	58	59	60
B	C	A	C	D	A	B	D	C	B	D	D	C	D	A	A	A	D	A	A
61	62	63	64	65	66	67	68	69	70	71	72	73	74	75	76	77	78	79	80
A	A	B	C	D	C	D	A	B	A	D	D	B	C	C	C	C	A	C	B
81	82	83	84	85	86	87	88	89	90	91	92	93	94	95	96	97	98	99	100
B	D	B	C	A	C	D	B	C	B	B	A	B	D	D	C	A	D	A	C

二、判断题

1. √　2. √　3. ×　4. ×　5. √　6. ×　7. √　8. ×　9. ×　10. ×
11. √　12. ×　13. √　14. ×　15. ×　16. ×　17. √　18. √　19. ×　20. ×

三、填空题

1. 选项卡　组　命令

2. "Office 按钮"

3. 普通视图　Web 版式视图

4. 行　段落　全部文档内容

5. 左缩进　右缩进　首行缩进　悬挂缩进

6. 两端对齐　居中　分散对齐

7. Alt + F4

8. 页面

9. 页面

10. Web 版式

11. 阅读版式视图　Web 版式视图　大纲视图　页面视图

12. 紧密型　嵌入型　浮于文字上方

13. 内存

14. 普通

15. Delete　Backspace

16. 表格属性

17. Ctrl + X　Ctrl + V

18. Ctrl

19. Ctrl + F　Ctrl + H

20. 向上　向下　全部

21. 1

22. 顶部　底部　文本　图形

23. 最小化　最大化　最小化　还原

24. Esc

25. Alt

26. 标题

27. Office 按钮　打印　打印预览

28. 样式

29. 对话框启动器　对话框或任务窗格

30. 可扩展标记语言　.docx　.dotx　.docm　.dotm

第四章
电子表格软件 Excel 2007 习题答案

一、单项选择题

1	2	3	4	5	6	7	8	9	10	11	12	13	14	15	16	17	18	19	20
B	B	B	B	A	D	B	C	A	B	C	B	A	C	A	B	B	C	D	B
21	22	23	24	25	26	27	28	29	30	31	32	33	34	35	36	37	38	39	40
C	B	A	A	D	A	B	B	B	D	C	A	A	B	B	A	C	B	A	D
41	42	43	44	45	46	47	48	49	50	51	52	53	54	55	56	57	58	59	60
C	D	D	C	D	A	D	A	B	C	B	B	C	A	B	C	B	A	A	C
61	62	63	64	65	66	67	68	69	70	71	72	73	74	75	76	77	78	79	80
A	A	C	D	A	D	C	A	C	C	B	A	D	D	D	A	B	C	B	B
81	82	83	84	85	86	87	88	89	90	91	92	93	94	95	96	97	98	99	100
B	C	D	D	B	A	C	C	D	D	C	B	A	D	A	C	B	A	D	C

二、判断题

1. ×　　2. √　　3. ×　　4. ×　　5. √　　6. ×　　7. √　　8. ×　　9. ×　　10. ×
11. √　　12. √　　13. ×　　14. √　　15. ×　　16. √　　17. ×　　18. ×　　19. √　　20. ×

三、填空题

1. 工作表
2. 1 048 576　　16 384　　A～XFD
3. 数字　　字母
4. 行标题
5. 列标题
6. 双击　　Ctrl+F1
7. 编辑栏　　自动调整
8. 选中
9. 活动单元格
10. 公式　　等号（＝）
11. 填充柄
12. 主题
13. "页面布局"
14. 单元格引用
15. 相对引用

16. 绝对引用
17. 混合引用
18. 筛选
19. $
20. Ctrl　左　Shift
21. 左　右
22. Ctrl+;　Ctrl+Shift +;
23. 1.5　7　3
24. 标题　数值轴　分类轴　绘图区
25. =$B$2+B7
26. =D3+$D$2
27. 内容
28. 重命名
29. FALSE
30. 序列填充
31. 字符型数据　数值型数据　日期型数据
32. 单元格
33. 复制　移动
34. TRUE　FALSE
35. 我是中国人

第五章
文稿演示系统 PowerPoint 2007 习题答案

一、单项选择题

1	2	3	4	5	6	7	8	9	10	11	12	13	14	15	16	17	18	19	20
D	C	A	B	D	D	B	D	D	A	D	C	D	D	D	B	C	D	D	A
21	22	23	24	25	26	27	28	29	30	31	32	33	34	35	36	37	38	39	40
C	B	C	D	C	B	A	C	A	A	B	D	A	B	C	A	A	D	B
41	42	43	44	45	46	47	48	49	50	51	52	53	54	55	56	57	58	59	60
B	A	D	A	A	B	C	D	D	C	D	A	B	A	A	D	D	A	B	D

二、判断题

1. × 2. × 3. √ 4. √ 5. √ 6. √ 7. × 8. √ 9. √ 10. √
11. × 12. √ 13. √ 14. × 15. × 16. √

三、填空题

1. Office 按钮

2. Office 按钮 功能区

3. XML

4. 11

5. 所有幻灯片 所选幻灯片

6. 选项卡 最小化

7. 大纲选项 幻灯片选项 幻灯片窗格 备注窗格

8. 主题

9. 占位符

10. Delete

11. 开始 字体

12. 动画

13. 普通 幻灯片浏览

14. SmartArt

15. 幻灯片浏览视图

16. 进入 强调 退出 动作路径

17. 最小化 最大化/还原 关闭

18. 插入　录制声音

19. 幻灯片放映

20. 幻灯片母版

21. .ppsm

22. 备注页

23. 定义幻灯片母版

24. 慢速　中速　快速

25. 插入

26. 两端对齐　分散对齐

27. Ctrl

28. 普通视图　幻灯片浏览视图　备注页视图　幻灯片放映视图

29. 视图　F5

30. Office 按钮

第六章
计算机网络习题答案

一、单项选择题

1	2	3	4	5	6	7	8	9	10	11	12	13	14	15	16	17	18	19	20
A	C	A	D	A	D	A	C	C	C	C	D	A	D	B	D	B	B	B	A
21	22	23	24	25	26	27	28	29	30	31	32	33	34	35	36	37	38	39	40
A	D	D	D	D	A	C	A	A	D	A	D	C	C	A	C	C	B	D	B
41	42	43	44	45	46	47	48	49	50	51	52	53	54	55	56	57	58	59	60
D	A	D	A	C	D	B	A	A	B	D	A	D	A	D	B	A	D	C	D
61	62	63	64	65	66	67	68	69	70	71	72	73	74	75					
B	D	D	C	A	A	C	B	A	C	B	A	B	A	D					

二、填空题

1. 资源子网　通信子网

2. 客户机/服务器

3. 内置　外置　USB

4. 传输信道

5. 物理层　数据链路层　网络层　传输层

6. 数字　模拟

7. 信息高速公路

8. 统一资源定位器　协议类型://　域名或 IP 地址

9. 星型　环型　总线型

10. TCP

11. IP

12. C　B

13. 有线媒体　无线媒体

14. 传输　网际

15. 总线型

16. Windows

17. World Wide Web

18. Internet Service Provider

19. 广域网　城域网　局域网

20. 邮箱账号或者用户名

21. TCP/IP

22. IP 地址

23. 网络操作系统

24. 光缆

25. 网络

26. 面向

27. 非对称数字用户线　电话线

28. 路由器

29. 模拟信号　数字信号

30. bit/s

第七章
常用工具软件习题答案

一、单项选择题

1	2	3	4	5	6	7	8	9	10
D	C	A	C	A	B	A	B	C	D

二、填空题

1. 安全

2. 系统维护　向导式

3. 硬盘克隆　交互模式　批处理模式

4. 压缩　.zip　.rar

5. P2SP（Point to Server Point）

6. 德国 Ahead Software　刻录

7. 虚拟光驱

8. 碎片

9. Print Screen　Alt+ Print Screen

10. 标准　科学　科学

第八章

程序设计基础习题答案

一、单项选择题

1	2	3	4	5	6	7	8	9	10	11	12	13	14	15	16	17	18	19	20
D	A	B	A	A	A	B	D	C	C	B	D	A	A	D	C	B	C	C	D

21	22	23	24	25
A	A	A	D	C

二、填空题

1. 程序
2. 顺序结构
3. 需求分析
4. 驱动模块
5. 类
6. 结构化
7. 静态分析
8. 黑盒测试
9. 开发
10. 无歧义性
11. 输出
12. 条件表达式的值
13. 单元
14. 过程
15. 单元

第九章
数据结构与算法习题答案

一、单项选择题

1	2	3	4	5	6	7	8	9	10	11	12	13	14	15	16	17	18	19	20
D	C	A	D	B	C	D	D	D	D	D	D	B	C	C	A	C	B	A	D
21	22	23	24	25	26	27	28	29	30	31	32	33	34	35	36	37	38	39	40
B	B	A	C	B	C	A	C	C	D	D	D	C	D	D	A	C	D	A	C
41	42	43	44	45	46	47	48	49	50	51	52	53	54	55	56	57	58	59	60
A	A	B	B	D	B	C	B	D	C	B	B	B	A	A	C	A	B	C	D

二、填空题

1. 有穷性

2. 时间

3. 存储结构

4. 存储结构

5. 逻辑

6. 线性结构

7. 无 — 无 —

8. 前驱 — 后继 后继

9. 一半

10. 读栈

11. $n-1$

12. 相邻位置 链接指针

13. 浪费 溢出 预先分配 溢出

14. 栈

15. 顺序

16. 24

17. 19

18. 1DCBA2345

19. ABCDEF54321

20. n

21. 25

22. 32

23. 63

24. 16

25. $n-1$

26. $n2+1$

27. 中序

28. DEBFCA

29. 45

30. 1 2 4 8 5 3.7

第十章

数据库基础知识习题答案

一、单项选择题

1	2	3	4	5	6	7	8	9	10	11	12	13	14	15	16	17	18	19	20
B	C	C	D	A	B	B	B	C	C	C	D	B	A	B	A	B	D	C	A
21	22	23	24	25	26	27	28	29	30	31	32	33	34	35	36	37	38	39	40
D	D	A	C	D	A	C	A	C	C	C	C	C	B	D	D	D	D	C	D
41	42	43	44	45	46	47	48	49	50	51	52	53	54	55	56	57	58	59	60
B	A	C	C	C	C	A	D	A	B	C	D	C	C	D	D	D	A	B	C

二、填空题

1. DBMS

2. 数据库管理系统　软件平台

3. 数据库管理系统

4. 层次模型　关系模型

5. 元组　属性

6. 多对多

7. 选择

8. 联接

9. 投影

10. 关系

11. 外键或外部关键字

12. Structured Query Language　结构化查询语言

13. 属性

14. 数据表

15. 查询

16. 集合运算　关系运算

17. 逻辑设计

18. 属性

19. #

20. 矩形

21. 数据定义语言

22. DBA

23. 默认值

24. .MDB

25. 表　查询　报表

第三部分
全国计算机一级考试大纲及模拟题

全国计算机等级考试概述

全国计算机等级考试（National Computer Rank Examination，简称 NCRE），是经原国家教育委员会（现教育部）批准，由教育部考试中心主办，面向社会，用于考查应试人员计算机应用知识与技能的全国性计算机水平考试体系。

NCRE 级别/科目设置如下：

级别/类别	科 目
一级	一级 MS Office
	一级 WPS Office
	一级 B（部分省、市开考）
二级	C 语言程序设计
	C++语言程序设计
	Java 语言程序设计
	Visual Basic 语言程序设计
	Delphi 语言程序设计
	Visual FoxPro 数据库程序设计
	Access 数据库程序设计
三级	PC 技术
	信息管理技术
	数据库技术
	网络技术
四级	网络工程师
	数据库工程师
	软件测试工程师
计算机职业英语	一级
	二级（开发中）
	三级（开发中）

其中：

一级考核微型计算机基础知识和使用办公软件及因特网（Internet）的基本技能。考试科目：一级 MS Office、一级 WPS Office、一级 B（部分省市开考）。

二级考核计算机基础知识和使用一种高级计算机语言编写程序以及上机调试的基本技能。考试科目：语言程序设计（包括 C、C++、Java、Visual Basic、Delphi）、数据库程序设计（包括 Visual FoxPro、Access）。

三级分为"PC 技术"、"信息管理技术"、"数据库技术"和"网络技术"四个类别。"PC 技术"考核 PC 机硬件组成和 Windows 操作系统的基础知识以及 PC 机使用、管理、维护和应用开发的基本技能；"信息管理技术"考核计算机信息管理应用基础知识及管理信息系统项目和办公自动化系统项目开发、维护的基本技能；"数据库技术"考核数据库系统基础知识及数据库应用系统项目开发和维护的基本功能；"网络技术"考核计算机网络基础知识及计算机网络应用系统开发和管理的基本技能。

四级分为"网络工程师"、"数据库工程师"和"软件测试工程师"三个类别。"网络工程师"考核网络系统规划与设计的基础知识及中小型网络的系统组建、设备配置调试、网络系统现场维护与管理的基本技能；"数据库工程师"考核数据库系统的基本理论和技术以及数据库设计、维护、管理、应用开发的基本能力；"软件测试工程师"考核软件测试的基本理论、软件测试的规范及标准，以及制定测试计划、设计测试用例、选择测试工具、执行测试并分析评估结果等软件测试的基本技能。

计算机职业英语分为一级、二级和三级考试。一级要求考生具备计算机基础知识，能在日常生活及与信息技术相关的工作环境中运用英语进行基本的交流。目前只在部分省市开考一级。

NCRE 采用全国统一命题，统一考试的形式。一级各科全部采用上机考试；二级、三级各科目均采用笔试和上机操作考试相结合的形式；四级目前采用笔试考试，上机考试暂未开考（上机考核要求在笔试中体现）；计算机职业英语采用笔试形式（含听力）。

笔试时间：二级均为 90 分钟；三级、四级为 120 分钟；计算机职业英语一级考试为 90 分钟。

上机考试时间：一级、二级均为 90 分钟，三级 60 分钟。

NCRE 考试每年开考两次，分别在 3 月和 9 月举行，具体日期以官方公布为准。笔试考试的当天下午开始上机考试（一级从上午开始），上机考试期限定为五天，由考点根据考生数量和设备情况具体安排。

考生不受年龄、职业、学历等背景的限制，任何人均可根据自己学习和使用计算机的实际情况，选考不同等级的考试。每次考试报名的具体时间由各省（自治区、直辖市）级承办机构规定。考生按照有关规定到就近考点报名。上次考试的笔试和上机考试仅其中一项成绩合格的，下次考试报名时应出具上次考试成绩单，成绩合格项可以免考，只参加未通过项的考试。

NCRE 考试笔试、上机考试实行百分制计分，但以等第分数通知考生成绩。等第分数分为"不及格"、"及格"、"良好"、"优秀"四等。笔试和上机考试成绩均在"及格"以上者，由教育部考试中心发合格证书。笔试和上机考试成绩均为"优秀"的，合格证书上会注明"优秀"字样。

全国计算机等级考试合格证书式样按国际通行证书式样设计，用中、英两种文字书写，证书编号全国统一，证书上印有持有人身份证号码。该证书全国通用，是持有人计算机应用能力的证明。

自 1994 年开考以来，NCRE 适应了市场经济发展的需要，考试持续发展，考生人数逐年递增，至 2008 年年底，累计考生人数超过 2870 万，累计获证人数达 1073 万。

全国计算机等级考试 一级 MS Office 考试大纲

Ⅰ、基本要求

1. 具有使用微型计算机的基础知识（包括计算机病毒的防治常识）。

2. 了解微型计算机系统的组成和各组成部分的功能。

3. 了解操作系统的基本功能和作用，掌握 Windows 的基本操作和应用。

4. 了解文字处理的基本知识，掌握文字处理软件"MS Word"的基本操作和应用，熟练掌握一种汉字（键盘）输入方法。

5. 了解电子表格软件的基本知识，掌握电子表格软件"Excel"的基本操作和应用。

6. 了解多媒体演示软件的基本知识，掌握演示文稿制作软件"PowerPoint"的基本操作和应用。

7. 了解计算机网络的基本概念和因特网（Internet）的初步知识，掌握 IE 浏览器软件和"Outlook Express"软件的基本操作和使用。

Ⅱ、考试内容

一、基础知识

1. 计算机的概念、类型及其应用领域；计算机系统的配置及主要技术指标。

2. 计算机中数据的表示：二进制的概念，整数的二进制表示，西文字符的 ASCII 码表示，汉字及其编码（国标码），数据的存储单位（位、字节、字）。

3. 计算机病毒的概念和病毒的防治。

4. 计算机硬件系统的组成和功能：CPU、存储器（ROM、RAM）以及常用的输入输出设备的功能。

5. 计算机软件系统的组成和功能：系统软件和应用软件，程序设计语言（机器语言、汇编语言、高级语言）的概念。

二、操作系统的功能和使用

1. 操作系统的基本概念、功能、组成和分类。

2. Windows 操作系统的基本概念和常用术语，文件、文件名、目录（文件夹）、目录（文件夹）树和路径等。

3. Windows 操作系统的基本操作和应用。

（1）Windows 概述、特点和功能、配置和运行环境。

（2）Windows "开始" 按钮、"任务栏"、"菜单"、"图标" 等的使用。

（3）应用程序的运行和退出。

（4）熟练掌握资源管理系统 "我的电脑" 和 "资源管理器" 的操作与应用。文件和文件夹的创建、移动、复制、删除、更名、查找、打印和属性设置。

（5）软盘的格式化和整盘复制，磁盘属性的查看等操作。

（6）中文输入法的安装、删除和选用；显示器的设置。

（7）快捷方式的设置和使用。

三、文字处理软件的功能和使用

1. 文字处理软件的基本概念，中文 Word 的基本功能、运行环境、启动和退出。

2. 文档的创建、打开和基本编辑操作，文本的查找与替换，多窗口和多文档的编辑。

3. 文档的保存、保护、复制、删除和插入。

4. 字体格式设置、段落格式设置和文档的页面设置等基本的排版操作。打印预览和打印。

5. Word 的对象操作：对象的概念及种类，图形、图像对象的编辑，文本框的使用。

6. Word 的表格制作功能：表格创建与修饰，表格中数据的输入与编辑，数据的排序和计算。

四、电子表格软件的功能和使用

1. 电子表格的基本概念，中文 Excel 的功能、运行环境、启动和退出。

2. 工作簿和工作表的基本概念，工作表的创建、数据输入、编辑和排版。

3. 工作表的插入、复制、移动、更名、保存和保护等基本操作。

4. 单元格的绝对地址和相对地址的概念，工作表中公式的输入与常用函数的使用。

5. 数据清单的概念，记录单的使用、记录的排序、筛选、查找和分类汇总。

6. 图表的创建和格式设置。

7. 工作表的页面设置、打印预览和打印。

五、电子演示文稿制作软件的功能和使用

1. 中文 PowerPoint 的功能、运行环境、启动和退出。

2. 演示文稿的创建、打开和保存。

3. 演示文稿视图的使用，幻灯片的制作、文字编排、图片和图表插入及模板的选用。

4. 幻灯片的插入和删除、演示顺序的改变，幻灯片格式的设置，幻灯片放映效果的设置，多媒体对象的插入，演示文稿的打包和打印。

六、因特网（Internet）的初步知识和应用

1. 计算机网络的概念和分类。

2. 因特网的基本概念和接入方式。

3. 因特网的简单应用：拨号连接、浏览器（IE6.0）的使用，电子邮件的收发和搜索引擎的使用。

七、最新修订部分

在考试内容中,把以前的基础知识和微型计算机系统的组成综合成了现在大纲中的基础知识,当然它们不仅仅只是简单的综合，而在内容方面也有稍微的调整改动，新大纲中的基础知识方面对数制的考查确定为二进制，而取消了二进制与十进制之间的转换方面的考查，并取消了对多媒体计算机系统初步知识方面的考查；在操作系统的功能和使用方面，新大纲取消了对在 Windows 环境下，使用中文 DOS 方式的考查，而新增加了显示器设置方面的考查；在文字处理软件的功能

和使用方面与旧大纲中的字表处理软件的功能和使用考查的内容基本相同，只是新增加了对象的概念和文本框的使用的考查，在表格方面新增加了对表格修饰方面的考查；新增加了对因特网（Internet）的初步知识和应用方面的考查。

Ⅲ、考试方式

一、采用无纸化考试，上机操作。考试时间：90 分钟。

二、在指定时间内，使用计算机完成下列各项操作。

1. 选择题（计算机基础知识和计算机网络的基本知识）。（20 分）
2. 汉字录入能力测试（录入 150 个汉字，限时 10 分钟）。（10 分）
3. Windows 操作系统的使用。（10 分）
4. Word 操作。（25 分）
5. Excel 操作。（15 分）
6. PowerPoint 操作。（10 分）
7. 浏览器（IE6.0）的简单使用和电子邮件收发。（10 分）

全国一级考试模拟试题 1

一、选择题

1. 一个完整的计算机系统应该包括（　　　）。
    A. 主机、键盘和显示器
    B. 硬件系统和软件系统
    C. 主机和它的外部设备
    D. 系统软件和应用软件

2. 构成 CPU 的关键部件是运算器（ALU）和（　　　）。
    A. 存储器
    B. 控制器
    C. 寄存器
    D. 编辑器

3. 二进制数 01100011 转换成十进制数是（　　　）。
    A. 51
    B. 98
    C. 99
    D. 100

4. 下列说法中，正确的一条是（　　　）。
    A. 每个磁道的容量是与其圆周长度成正比的
    B. 3.5 英寸软盘驱动器中只能读/写 1.44MB 的高密软盘片
    C. 磁盘驱动器兼具输入和输出的功能
    D. 软盘驱动器属于主机，而软盘片属于外设

5. 显示或打印汉字时，系统使用的是汉字的（　　　）。
    A. 机内码
    B. 字形码
    C. 输入码
    D. 国际交换码

6. 存储一个 48×48 点的汉字字形码，需要（　　　）字节。
    A. 72
    B. 256
    C. 288
    D. 512

7. 下列存储器中，访问周期最短的是（　　　）。
    A. 硬盘存储器
    B. 高速缓冲存储器
    C. 内存储器
    D. 软盘存储器

8. 鼠标是计算机的（　　　）设备。
    A. 控制
    B. 输入
    C. 输出
    D. 点菜单

9. 计算机操作系统的主要功能是（　　　）。
    A. 对计算机的所有资源进行控制和管理，为用户使用计算机提供方便
    B. 对源程序进行翻译
    C. 对用户数据文件进行管理
    D. 对汇编语言程序进行翻译

10. 计算机指令通常包括（　　　）两部分。
    A. 数据和字符
    B. 操作码和地址码
    C. 运算符和数据
    D. 被运算数和结果

11. 微型计算机的技术指标主要是指（　　）。

　　A. 所配备的操作系统和语言处理系统的性能

　　B. 字长、运算速度、内/外存容量和 CPU 的主频

　　C. 显示器屏幕的尺寸和它的分辨率

　　D. 磁盘容量、内存容量

12. 将十进制数 77 转换成二进制数是（　　）。

　　A. 01001100　　　　　　　　　　B. 01001101

　　C. 01001011　　　　　　　　　　D. 01001111

13. CD – ROM 属于（　　）。

　　A. 大容量可读可写外存储器　　　B. 大容量只读外部存储器

　　C. 可直接与 CPU 交换数据的存储器　D. 只读内存储器

14. 一个 24×24 点的汉字字形码要用（　　）个字节存储它。

　　A. 16　　　　　B. 32　　　　　C. 64　　　　　D. 72

15. 5 位无符号二进制数最大能表示的十进制整数是（　　）。

　　A. 64　　　　　B. 63　　　　　C. 32　　　　　D. 31

16. 中央处理器 CPU 可以直接访问的存储器是（　　）。

　　A. 内存储器　　　B. 硬盘　　　C. CD-ROM　　　D. 软盘存储器

17. 计算机系统由（　　）。两大部分组成

　　A. 系统软件和应用软件　　　　　B. 主机和外部设备

　　C. 主机和 I/O 设备　　　　　　D. 硬件系统和软件系统

18. 在计算机系统中，对输入输出设备进行管理的基本系统是存放在（　　）中。

　　A. RAM　　　B. ROM　　　C. 硬盘　　　D. 高速缓存

19. 计算机网络的主要目标是实现（　　）。

　　A. 数据处理　　　　　　　　　　B. 文献检索

　　C. 资源共享和信息传输　　　　　D. 信息传输

20. 要想把个人计算机用电话拨号方式接入 Internet 网，除性能合适的计算机外，硬件上还应配置一个（　　）。

　　A. 连接器　　　B. 调制解调器　　C. 路由器　　　D. 集线器

二、汉字录入题

至本世纪 60 年代，世界温度预计将比前工业化阶段的温度高 3℃，此时全球变暖的效应将达到临界点。全球变暖可能会对亚马逊森林造成难以恢复的破坏，使其生态系统完全崩溃。珊瑚礁的全面消亡将十分普遍。处于饥饿状态的人口将大幅增加，将有 55 亿人居住在粮食大量减产的地区，另有 30 亿人将面临水资源短缺的危险。

三、基本操作题

（1）将 D 盘下的 BADRY 文件夹中的文件 SCHOOL.FPT 设置为存档和只读属性。

（2）将 D 盘下的 HILTON 文件夹中的文件 RORIE.BAK 删除。

（3）将 D 盘下的 JSTV 文件夹中新建一个文件夹 DONALD。

（4）将 D 盘下的 DIRECT 文件夹中的文件夹 PASTER 复制到 D 盘下的 GUMBER 文件夹中，并将文件夹命名为 SLIKE。

（5）将 D 盘下的 MYDOC 文件夹中的文件夹 HARDY 移动到 D 盘下 MYPROG 文件夹中。

（6）将 D 盘下的 JORSFER 文件夹中的文件夹 BAND 重命名为 SNOSE。

四、Word 操作题

1. 输入下列文字（各段内容如下所示），并以 doc003a.doc 为文件名保存在 D:\下。

随着计算机技术的发展和普及，计算机已经成为各行各业最基本的工具之一，而且正迅速进入千家万户，有人还把它称为"第二文化"。

2. 将上面的内容连接成一个段落，按分散对齐格式排版后以 doc003b.doc 为文件名保存在 D:\下。

3. 制作一个 4 行 1 列的表格，在每一个单元格内复制一个 doc003b.doc 文档内容，并以 doc003c.doc 为文件名保存在 D:\下。

4. 制作如图 Temp03001.gif 中所示的 5 行 6 列的表格，表格的各单元格列宽设置为 2.3 厘米，行高为默认值，单元格的字体设置成宋体，字号设置成 5 号，对齐格式为左对齐，并以 doc003d.doc 为文件名保存在 D:\下。

	星期一	星期二	星期三	星期四	星期五
第1节	语文	数学	数学	语文	数学
第2节	语文	外语	外语	语文	外语
第3节	数学	语文	语文	外语	语文
第4节	数学	语文	语文	数学	语文

Temp03001.gif

五、Excel 操作题

xls003a.xls

xls003b.xls

1. 建立如上所示的工作簿文件 xls003a.xls, 将工作表 sheet1 的 A1:C1 单元格合并为一个单元格, 内容居中; 计算"年销售额"列的"总计"项的内容及"所占比例"列的内容 (所占比例 = 年销售额/总计), 将工作表命名为"地区销售情况表"。

2. 建立如上所示的工作簿文件 xls003b.xls, 对工作表"选修课程成绩单"内的数据清单的内容进行自动筛选 (自定义), 条件为"课程名称为人工智能或计算机图形学", 筛选后的工作表还保存在 xls003b.xls 工作簿文件中, 工作表名不变。

六、PowerPoint 操作题

ppt003a.ppt

1. 第一张幻灯片的副标题设置为: 蓝色 (注意: 请用自定义标签中的红色 0、绿色 0、蓝色 255), 36 磅; 将第二张幻灯片版面改变为"标题和文本", 并将这张幻灯片中的文本部分动画设置为"从左侧缓慢移入"。

2. 将全部幻灯片的切换效果设置为"中央向上下展开", 第一张幻灯片的背景填充颜色为"极目远眺", 斜下。

七、互联网操作题

某网站的网址是: http://lovalhost:85/index_zx.htm, 请打开这个网站, 寻找"软件下载"这个网页, 浏览这个网页的内容, 然后把它以"rjxz.txt"为文件名保存在 D:\下。

全国一级考试模拟试题 2

一、选择题

1. 在目前为止，微型计算机经历的几个阶段（　　　）。
   A. 8 　　　　　　 B. 7 　　　　　　 C. 6 　　　　　　 D. 5

2. 计算机辅助设计简称是（　　　）。
   A. CAM 　　　　　 B. CAD 　　　　　 C. CAT 　　　　　 D. CAI

3. 二进制数 11000000 对应的十进制数是（　　　）。
   A. 384 　　　　　　 B. 192 　　　　　 C. 96 　　　　　　 D. 320

4. 下列 4 种不同数制表示的数中，数值最大的一个是（　　　）。
   A. 八进制数 110 　　　　　　　　　　 B. 十进制数 71
   C. 十六进制数 4A 　　　　　　　　　　 D. 二进制数 1001001

5. 为了避免混淆，十六进制数在书写时常在后面加上字母（　　　）。
   A. H 　　　　　　 B. O 　　　　　　 C. D 　　　　　　 D. B

6. 计算机用来表示存储空间大小的最基本单位是（　　　）。
   A. Baud 　　　　　 B. bit 　　　　　 C. Byte 　　　　　 D. Word

7. 对应 ASCII 码表，下列有关 ASCII 码值大小关系描述正确的是（　　　）。
   A. "CR"<"d"<"G" 　 B. "a"<"A"<"9" 　 C. "9"<"A"<"CR" 　 D. "9"<"R"<"n"

8. 英文大写字母 D 的 ASCII 码值为 44H，英文大写字母 F 的 ASCII 码值为十进制数（　　　）。
   A. 46 　　　　　　 B. 68 　　　　　　 C. 70 　　　　　　 D. 15

9. 计算机能直接识别和执行的语言是（　　　）。
   A. 机器语言 　　　 B. 高级语言 　　　 C. 数据库语言 　　 D. 汇编程序

10. 以下不属于高级语言的有（　　　）。
    A. FORTRAN 　　 B. Pascal 　　　　 C. C 　　　　　　 D. UNIX

11. 第 2 代电子计算机使用的电子元件是（　　　）。
    A. 晶体管 　　　　　　　　　　　　 B. 电子管
    C. 中、小规模集成电路 　　　　　　 D. 大规模和超大规模集成电路

12. 除了计算机模拟之外，另一种重要的计算机教学辅助手段是（　　　）。
    A. 计算机录像 　　　　　　　　　　 B. 计算机动画
    C. 计算机模拟 　　　　　　　　　　 D. 计算机演示

13. 计算机集成制作系统是（　　　）。
    A. CAD 　　　　　 B. CAM 　　　　　 C. CIMS 　　　　　 D. MIPS

14. 十进制数 215 用二进制数表示是（   ）。

    A. 1100001   B. 1101001   C. 0011001   D. 11010111

15. 十六进制数 34B 对应的十进制数是（   ）。

    A. 1234   B. 843   C. 768   D. 333

16. 二进制数 0111110 转换成十六进制数是（   ）。

    A. 3F   B. DD   C. 4A   D. 3E

17. 二进制数 10100101011 转换成十六进制数是（   ）。

    A. 52B   B. D45D   C. 23C   D. 5E

18. 二进制数 1234 对应的十进制数是（   ）。

    A. 16   B. 26   C. 34   D. 25

19. 一汉字的机内码是 B0A1H，那么它的国标码是（   ）。

    A. 3121H   B. 3021H   C. 2131H   D. 2130H

20. 计算机内部采用二进制表示数据信息，二进制主要优点是（   ）。

    A. 容易实现   B. 方便记忆   C. 书写简单   D. 符合使用的习惯

二、文字录入题

流量控制主要原因是当某一时刻某一区域通信量过大时就会超过节点与通信线路的承受能力，造成网络拥挤，又导致丢失分组的重传，而更拥挤（如此恶性循环最终导致网络阻塞（网络吞吐量的迅速下降和网络时延的迅速增加）以至死锁（数据既不能输入也不能输出）。为此要由流量控制来提高网络的吞吐能力和可靠性，来防止阻塞和死锁的发生。在 X.25 网络中主要采用窗口法作为流控的机制。

三、基本操作题

（1）将 D 盘下 JORK \ BOOK 文件夹中的文件 TEXT.TXT 删除。

（2）在 D 盘下 WATER \ LAKE 文件夹中建立一个新文件夹 INTEL。

（3）将 D 盘下 COLD 文件夹中的文件 PAIN.FOR 设置为隐藏和存档属性。

（4）将 D 盘下 AUGEST 文件夹中的文件 WARM.BMP 移到 E 盘下，并将该文件改名为 UNLX.OPS。

（5）将 D 盘下 OCT \ SEPT 文件夹中的文件 LEEN.TXT 更名为 PERN.DOC。

（6）将 D 盘下 BEGIN 文件夹中的文件 START.CPC 复制到 E 盘下 STOP 文件夹中。

四、Word 操作题

1. 输入下列文字（各段内容如下所示），并以 doc004a.doc 为文件名保存。

56K Modem

目标：56KModem，更恰当地说叫做脉码调制（PCM）Modem，在 1996 年底初次亮相，生产厂商允诺其桌面数据传送速度是 28.8kbit/sModem 的两倍，而价格则将与现有 33.6kbit/sModem 的价格差不多。

提交：即使是在美国现有通信线路的条件下，56KModem 的数据传送速度也根本无法达到 56kbit/s。与许多类似的 Modem 相比，56KModem 对线路条件敏感得多，而且几乎线路上所有的不利因素，包括公共话音的增强，都会降低 56KModem 的数据传送速度。一般的 56KModem 的传输速度均低于 45kbit/s，理想条件下可达到 53.5kbit/s，而且只有在下载数据时才能达到较高的速率，上载时的速率会更低。

进展：1998 年更好的 56K 驱动程序将会面世，它能提高速率，解决联网方面的问题。另外，

ISP 们将会进一步支持 56KModem。然而令人遗憾的是，迄今为止还没有出现一个统一的标准。业界究竟是选择 3Com/U.S.Roboticsx2 还是 Lucent/Rockwell 的 K56flex，尚需数月时间。不过很有可能您看到的会是这两个标准的折衷方案。

评述：尽管就性能而言 56KModem 的宣传存在着一定的夸大其辞，它仍有可能是 PC 历史上最畅销的外设之一，越来越多的用户开始使用更新型的 56KModem 取代旧的 Modem。然而它缺乏统一标准的现实仍旧令人感到失望。与此同时，可以预见的是，56KModem 不久将被各种高速 Internet 技术如线缆调制解调器、卫星通信技术、DSL，甚至新型调制解调器技术等等所取代。

2.（1）将全文中的"数据传送"一词改为"数据传输"，标题"56K Modem"设置为英文字体 Tahoma、二号、居中；正文部分的汉字设置为宋体，字号为五号，英文设置为 Times New Roman 字体，将标题段的段后间距设置为 1 行。

（2）正文各段的段后间距设置为 0.5 行。第一段首字下沉 2 行，距正文为 0.2 厘米。

五、Excel 操作题

1. 建立工作簿文件 xls004a.xls，将工作表 sheet1 的 A1:D1 单元格合并为一个单元格，内容居中，计算"总计"行和"合计"列单元格的内容，将工作表命名为"毕业人数情况表"。

2. 建立工作簿文件 xls004b.xls，对工作表"选修课程成绩单"内的数据清单的内容进行自动筛选，条件为"系别为信息并且成绩大于 70"，筛选后的工作表还保存在 xls004b.xls 工作簿文件中，且工作表名不变。

xls004a.xls

xls004b.xls

六、PowerPoint 操作题

太慢了

蜗牛去朋友蜥蜴家探访，恰好碰上蜥蜴的孩子得了急病，蜗牛便自告奋勇去请医生。三小时后，心急火燎的蜥蜴跑到门廊张望，发现蜗牛正在第三层阶梯上。"医生呢？"蜥蜴吼道。蜗牛怒目而视道："你再这样对我大喊大叫，我就不去了！"

ppt004a.ppt

1. 创建演示文稿 ppt004a.ppt。将第二张幻灯片版面改变为"垂直排列标题与文本"，然后将这张幻灯片移成演示文稿的第一张幻灯片；并且将第二张幻灯片中的文字"太慢了"的动画效果设置为"从左侧缓慢移入"。

2. 整个演示文稿设置成"Ricepaper 模板"；全部幻灯片切换效果设置成"向右下插入"。

七、互联网操作题

某模拟网站的主页地址的主页地址是：HTTP://LOCALHOST/DJKS/INDEX.HTM，打开此主页，浏览"天文小知识"页面，查找"地球"页面内容，并将它以文本文件的格式保存到指定的文件夹下，命名为"diqiu.txt"。

模拟试题第 1 套答案

一、选择题

1	2	3	4	5	6	7	8	9	10	11	12	13	14	15	16	17	18	19	20
B	B	C	C	B	C	B	B	A	B	B	B	B	D	D	A	D	B	C	B

二、文字录入题（答案略）

三、基本操作题（答案略）

四、Word 操作题

答案详解：

1. 输入文字，然后单击常用工具栏上的"保存"按钮，在出现的"另存为"对话框中找到要求的保存位置 D 盘，并且在"文件名"中输入 doc003a 即可。

2. 将 doc003a 中的文本内容连成一段后，选择"格式"菜单下的"段落"命令，在出现的"段落"对话框中选择"缩进和间距"选项，并在其"对齐方式"的下拉列表框中选择"分散对齐"方式。最后选择"文件"菜单下的"另存为"命令，在"另存为"对话框的"文件名"中输入 doc003b 即可。

3. 选择"表格"菜单的"插入/表格"命令，在"插入表格"对话框中"行"处输入 4，"列"处输入 1，然后把 doc003b 中的内容复制到每一个单元格，最后选择"文件"菜单下的"另存为"命令，在"另存为"对话框的"文件名"中输入 doc003c 可。

4. 选择"表格"菜单的"插入/表格"命令，在"插入表格"对话框中"行"处输入 5"列"处输入 6，在"自动调整"栏中选择"固定列宽"，在后面的列宽处输入 2.3 厘米，输入内容后，在选中整个表格，在常用工具栏上将其设置成宋体，5 号字，然后单击鼠标右键从弹出菜单中选择"单元格对齐方式"从其下拉列表中选择"左对齐"即可。然后将其保存，并且命名为 doc003d。

答案：   doc003c

随着计算机技术的发展与普及，计算机已经成为各行各业最基本的工具之一，而且正迅速进入千家万户，有人还把它称为"第二文化"。
随着计算机技术的发展与普及，计算机已经成为各行各业最基本的工具之一，而且正迅速进入千家万户，有人还把它称为"第二文化"。
随着计算机技术的发展与普及，计算机已经成为各行各业最基本的工具之一，而且正迅速进入千家万户，有人还把它称为"第二文化"。
随着计算机技术的发展与普及，计算机已经成为各行各业最基本的工具之一，而且正迅速进入千家万户，有人还把它称为"第二文化"。

doc003d

	星期一	星期二	星期三	星期四	星期五
第 1 节	语文	数学	数学	语文	数学
第 2 节	语文	外语	外语	语文	外语
第 3 节	数学	语文	语文	外语	语文
第 4 节	数学	语文	语文	数学	语文

试题评议：

1. 复制文本

（1）选定要编辑的文本，单击常用工具栏"复制"按钮。

（2）将插入点定位在文本粘贴的目的位置。

（3）单击常用工具栏中的"粘贴"按钮。

2. 改变文字的字体

（1）选定要编辑的文字使之反显。

（2）点击"格式"菜单下的"字体"命令。

（3）在字体对话框中设置字体、字形、字号、文字效果等。

3. 插入表格

（1）单击"表格"菜单中的"插入/表格"命令。

（2）在"插入表格"对话框中设置表格列数，行数，列宽等。

4. 设置表格行高及列宽

（1）插入点定位在要改变列宽的单元格中。

（2）单击"表格"菜单中的"表格属性"命令。

（3）若要设置列宽，可在"表格属性"对话框中，单击"列"表标签。

（4）在"指定宽度"文本框中，输入一个精确的列宽值。

（5）单击"确定"按钮。

（6）若要设置行高，可在"表格属性"对话框中，单击"行"标签。

（7）在"指定高度"文本框中，输入一个精确的行高值。

（8）单击"确定"按钮。

五、Excel 操作题

答案详解：

1. 选中工作表 sheet1 中的 A1 到 C1 单元格区域，然后选择"格式"菜单下的"单元格"命令，在出现的"单元格格式"对话框中选择"对齐"选项，然后选中其中的"合并单元格"命令，并且"水平对齐"中选择"居中"即可。选定 B6 单元格，单击常用工具栏上的"自动求和"按钮，这时在工作表中出现一个虚线框，用虚线框将 B3:B5 单元格区域围起来，表示我们对华中、华南以及华北三地区求年销售额之和，然后按回车键，可以得到其总计值为 833。然后选择 C3，输入"="，然后输入公式"B3/B6"（所占比例 = 年销售额/总计），按回车键，即可得到结果为 0.20168067，按照同样的方法，可以得到华南和华北的所占比例为：0.45138055 和 0.34693878。双击 sheet1，然后输入新的名称"地区销售情况表"。

2. 建立工作簿文件 xls003b，并在其中建工作表"选修课程成绩单"，然后选择"数据"菜单下的"筛选/自动筛选"命令后，工作表每列将出现一个三角按钮，选择"课程名称"右边的三角按钮，在其下拉列表中选择"自定义"命令，在出现的"自定义自动筛选方式"对话框中设置其课程名称等于"人工智能"，然后选择"或"再次设置课程名称等于"计算机图形学"，按"确定"按钮。最后点击"保存"按钮。

答案：

1. 答案如下：

2. 答案如下：

	系别	学号	姓名	课程名称	成绩
3	计算机	992032	王文辉	人工智能	87
4	自动控制	993023	张磊	计算机图形学	65
6	信息	991076	王力	计算机图形学	91
8	自动控制	993021	张在旭	计算机图形学	60
10	计算机	992005	扬海东	人工智能	90
11	自动控制	993082	黄立	计算机图形学	85
13	经济	995022	陈松	人工智能	69
15	信息	991025	张雨涵	计算机图形学	62
17	数学	994086	高晓东	人工智能	78
19	自动控制	993053	李英	计算机图形学	93
20	数学	994027	黄红	人工智能	68
21	信息	991021	李新	人工智能	87
24	自动控制	993021	张在旭	人工智能	75
25	计算机	992005	扬海东	计算机图形学	67
26	经济	995022	陈松	计算机图形学	71
29	自动控制	993053	李英	人工智能	79
30	计算机	992032	王文辉	计算机图形学	79

选修课程成绩单 / Sheet2 / Sheet3

试题评议：

1. 查找数据

（1）从"编辑"菜单中选择"查找"命令。

（2）在"查找"框中输入需要查找的内容。

2. 删除工作表

（1）右击工作表标签。

（2）从弹出的菜单中选择"删除"命令。

3. 公式计算

（1）选择要输入公式的单元格。

（2）如果简单的计算公式，可以通过手动来书写（如果公式比较复杂，可以通过"插入"菜单中的"函数"项来选择相应的函数）。

（3）然后再选择相应的计算区域。

4. 设置图表

（1）选定要操作的数据范围，在"插入"菜单中选择"图表"项，根据提示进行设置，或在工具栏中选择"图表"按钮。

（2）在选择数据源的时候，要区分数据源的数据区和系列，从而可以使数据的选择更加精确。

5．重命名工作表

（1）双击相应的工作表标签。

（2）键入新名称覆盖原有名称。

6．排序

（1）在待排序的数据列中单击任一单元格。

（2）在"数据"菜单中，单击"排序"命令。

（3）在"主要关键字"和"次要关键字"下拉列表框中，单击需要排序的列。

（4）选定所需的其他排序选项，然后单击"确定"按钮。

（5）如果是自定义排序顺序，也可以在"工具"菜单中的"选项"对话框中，通过"自定义序列"选项卡，创建自己的排序次序。

7．自动筛选

（1）选定需要自动筛选的数据清单。

（2）在"数据"下拉菜单中选择"筛选"项。

（3）在二级菜单中选择"自动筛选"命令，建立自动筛选查询器。

（4）为查询器设置筛选条件。

（5）显示查询结果。

8．格式设置

（1）选定要操作的单元格。

（2）在"格式"下拉菜单中选择"单元格"项，在出现的对话框中选择相应的功能。

（3）如果题面要求对格式进行操作，可以在"对齐"标签中选择（如果要求设置字体，可以在"字体"标签中进行设置。

（4）如果要设置行高或列高，可以在"格式"下拉菜单中选择"行"或"列"选项，在出现的对话框中进行相应设置。

（5）用户也可以在"格式"工具栏中选择相应的按钮。

9．移动或复制公式

（1）选定包含待移动或复制公式的单元格。

（2）指向选定区域的边框。

（3）如果要移动单元格，请把选定区域手动到粘贴区域左上角的单元格中（如果要复制单元格，请在拖动时按住 Ctrl 键。

（4）也可以通过使用填充柄将公式复制到相邻的单元格中。如果要这样做，请选定包含公式的单元格，再手动填充柄，使之覆盖需要填充的区域。

六、PowerPoint 操作题

答案详解：

1．选中第一张幻灯片中的副标题，然后选择"格式"菜单下的"字体"命令，在"字体"对话框中，将其字号设置为36磅，然后选择颜色下拉列表中的"其他颜色"，在出现的"颜色"对话框中选择"自定义"选项，将红色0，绿色0，蓝色255分别填入适当的位置。选中第二张幻灯片，选择"格式"菜单下的"幻灯片版式"命令，在"幻灯片版式"中选择"标题和文本"，然后选中该幻灯片中的文本内容，选择"幻灯片放映"菜单下的"自定义动画"，在"添加效果"中选择"进入/飞入"命令,在"方向"选项中选择"自左侧","速度"选择"非常慢"。

2. 选中所有的幻灯片,选择"幻灯片放映"菜单下的"幻灯片切换"命令,在其中选择"中央向上下展开"动画即可。然后再选中第一张幻灯片,选择"格式"菜单下的"背景"命令,在出现的"背景"对话框的下拉列表中选择"填充效果",在出现的"填充效果"对话框中,在该对话框中的"颜色"栏中选择"预设",在"预设"的下拉列表中选择"极目远眺",然后在"底纹样式"栏中选择"斜下"。

试题评议:

1. 分别单击各占位符边框,再通过字体对话框或格式工具栏上的格式按钮进行格式设置。单击文本占位符,从"格式"菜单选择"字体"命令,在弹出的字体对话框中选择题目要求的字体、字形、字号和颜色。其中,从"颜色"下拉框中选择"其他颜色",弹出"颜色"对话框,在该对话框中选择"自定义"项,根据题目要求协调颜色。

2. 在幻灯片或幻灯片浏览图中,选择要更改的幻灯片。在"常规任务"工具栏上单击"幻灯片版式"。使用滚动条可查看更多的版式,请单击所需的任意版式,然后单击"应用"重新安排任何重叠或隐藏的对象,配合新的版面。

3. 单击"幻灯片放映"菜单,执行"自定义动画"命令,可对幻灯片上的文本、形状、声音、图像和其他对象进行动画的设计。

4. 在幻灯片或幻灯片浏览视图中,选择要添加切换效果的幻灯片,单击"幻灯片放映"菜单中的"幻灯片切换",在"效果"方框中单击切换效果,先选择所需的推荐。要切换效果应用到选择的幻灯片上,请单击"应用",要将切换效果应用到所有的幻灯片上,请单击"全部应用"。

5. 在幻灯片视图中,单击"格式"菜单上的"背景",在"背景填充"下单击下箭头,然后单击"填充效果",再单击"过渡"选项卡。单击所需的选项,再单击"确定"。如果要将设计应用到当前幻灯片,请单击"应用"(如果要应用到所有的幻灯片和幻灯片木版,请单击"全部应用"。

七、互联网操作(答案略)

试题评议:

1. 在地址栏键入主页地址。

2. 在主页上单击要浏览的页面标签。

3. 在页面上单击要查找的内容的热区。

4. 打开页面后,单击文件夹菜单下的另存为菜单项。

5. 选择位置和类型,键入文件名确定即可。

模拟试题第 2 套答案

一、选择题

1	2	3	4	5	6	7	8	9	10	11	12	13	14	15	16	17	18	19	20
A	B	B	C	A	C	D	C	A	D	A	C	C	D	B	D	A	B	B	A

二、文字录入题（答案略）

三、基本操作题（答案略）

四、Word 操作题

1. 答案如下：

56K Modem

目标：56KModem，更恰当地说叫做脉码调制（PCM）Modem，在 1996 年底初次亮相，生产厂商允诺其桌面数据传输速度是 28.8kbit/sModem 的两倍，而价格则将与现有 33.6kbit/sModem 的价格差不多。

提交：即使是在美国现有通信线路的条件下，56KModem 的数据传输速度也根本无法达到 56kbit/s。与许多类似的 Modem 相比，56KModem 对线路条件敏感得多，而且几乎线路上所有的不利因素，包括公共话音的增强，都会降低 56KModem 的数据传输速度。一般的 56KModem 的传输速度均低于 45kbit/s，理想条件下可达到 53.5kbit/s，而且只有在下载数据时才能达到较高的速率，上载时的速率会更低。

进展：1998 年更好的 56K 驱动程序将会面世，它能提高速率，解决联网方面的问题。另外，ISP 们将会进一步支持 56KModem。然而令人遗憾的是，迄今为止还没有出现一个统一的标准。业界究竟是选择 3Com/U.S.Roboticsx2 还是 Lucent/Rockwell 的 K56flex，尚需数月时间。不过很有可能您看到的会是这两个标准的折中方案。

评述：尽管就性能而言 56KModem 的宣传存在着一定的夸大其辞，它仍有可能是 PC 历史上最畅销的外设之一，越来越多的用户开始使用更新型的 56KModem 取代旧的 Modem。然而它缺乏统一标准的现实仍旧令人感到失望。与此同时，可以预见的是，56KModem 不久将被各种高速 Internet 技术如线缆调制解调器、卫星通信技术、DSL，甚至新型调制解调器技术等所取代。

2. 答案略。

五、Excel 操作题

1. 答案如下：

2. 答案如下：

六、PowerPoint 操作题（答案略）

七、互联网操作题（答案略）

[1] 王敏珍，顾良翠. 大学计算机基础实验指导. 北京：人民邮电出版社，2010.

[2] 陈佛敏，陈建新. 计算机基础教程. 第 3 版. 成都：电子科技大学出版社，2008.

[3] 谢希仁. 计算机网络. 第 5 版. 北京：电子工业出版社，2008.

[4] 宋金珂，孙壮，等. 计算机与信息技术应用基础. 北京：中国铁道出版社，2005.

[5] 鄂大伟. 多媒体技术基础与应用. 第 3 版. 北京：高等教育出版社，2007.

[6] 杨柳. 大学计算机基础. 北京：电子工业出版社，2010.

[7] 袁方. 计算机导论. 第 2 版. 北京：清华大学出版社，2009.

[8] 刘艺，蔡敏，李炳伟. 计算机科学概论. 北京：人民邮电出版社，2008.

[9] 许唏. 计算机应用基础. 北京：高等教育出版社，2007.

[10] 杜煜，姚鸿. 计算机网络基础教程. 北京：人民邮电出版社，2008.